ASTRONOMIA

GED

en español, 2017

Alfredo Suárez Guerrero M.D.

Este libro y otros del mismo autor pueden ser obtenidos en AMAZON.CON
alfredo.suarezmd@gmail.com
formatting editor: Wesley Ulrich, M.D., B.Sc.

CreateSpace Editor Sharon S Busby

Derechos de autor ©2017

Dr. Alfredo Suarez Guerrero

Todos los derechos están reservados

Imprimido en los estados Unido

ISBN-13:978-1978273160
ISBN-10:1978273169

Este libro o una de sus partes no pueden ser reproducidos sin permiso escrito del autor.

Los libros de este autor pueden ser ordenados en CreateSpace.com

alfredosuarezguerrero@gmail.com

Astronomia GED

Ha sido publicado por

Dr. Alfredo Suarez Guerrero

alfredosuarezguerrero@gmail.com

Macon, GA. USA

INTRODUCCION

El GED de los Estados Unidos es un examen de capacitación de conocimientos equivalente al high school (bachillerato) de esta nación. Se puede presentar en nuestro país en español o inglés; también en cualquiera de los consulados americanos en el mundo usando las lenguas locales, permitiendo la admisión como estudiantes a las escuelas técnicas, el College o las universidades americanas en proporción a las capacidades demostradas.

Este libro ha sido escrito por amor a Dios, a la ciencia básica y para que el lector intente aprobar el examen GED de los Estados Unidos, siendo la educación certificada la mejor y más segura forma material de adquisición en el mundo moderno. El presente, rápido y avanzado progreso del conocimiento modifica frecuentemente lo que se consideraba el saber establecido.

EL PROGRESO DEL CONOCIMIENTO FRECUENTEMENTE SE SUSTENTA EN TEORIAS NO DEMOSTRABLES, EMPOTRADAS EN DIFERENTES NIVELES DE LOGICA Y DISCERNIMIENTO. EN NUESTRO PRESENTE SE EFECTÚA EN BASE A LA DEDUCCION POR ASOCIACION EXTENDIDA EN MENTES HUMANAS Y EN SUPERCOMPUTADORAS. TRADICIONALMENTE, A VECES SE INTENTA SU ABUSO MEDIANTE EGOS FUERA DE CONTROL, SIENDO RESPONSABLES POR LA RECOLECCION DE MUCHAS VERDADES Y OCASIONALES FALSEDADES A SER CONFIRMADAS OCASIONALMENTE EN TIEMPO MEDIANTE LA EVOLUCION DEL SABER Y LA DEDUCCION BASADAS EN LA TEGNOLOGÍA. NO NECESITO DEFENDER LA CIENCIA CUANDO DUDOSA, O LA INFORMCION INCLUIDA EN LA BIBLIA CRISTIANA COMO TAMBIÉN OTROS LIBROS ANTIGUOS. MI MISION ES PROVEER ENTENDIMIENTO BASICO QUE INCREMENTE LA CURIOCIDAD INTELECTUAL, INDUCIENDO LA OBTENCION DE MAS EDUCACION EN EL LECTOR.

LA TEORIA DEL BIG BANG explica el comienzo del universo en una explosión inmensa e instantánea, es una de las más exitosas teorías al respecto. Iniciada en 1.930, en 1.963 la radiación en la porción micro honda del espectro energético demostró el presente persistir del movimiento expansivo de todo el universo, como remanente de la energía explosiva inicial, actuando continuamente desde su creación. Sabemos que nuestro universo tiene un comienzo, es actual y está destinado a desaparecer, pero ignoramos como y cuando se realizará este proceso ahora basado en deducciones.

LA EDAD DEL UNIVERSO tiene 13.8 billones de años en edad, desde entes y hasta ahora está en equilibrio de expansión superior a las fuerzas de colapso, y continua su movimiento dinámico, centrífugo. Se inició simultáneamente en minúsculas partes de un segundo sobre una enorme cantidad de energías comprimidas y masas iniciales conocidas e ignoradas, siendo una nebulosa basada en gases, con tipo básico de material constituido por partículas subatómicas, extremadamente ceñidas y compactas en forma progresiva, capaz de iniciar una explosión de tamaño incomprensible, originando los diferentes átomos. De donde salieron esas energías y masas (¡?). Ese comienzo demanda una iniciación por creación. Las explicaciones confrontadas están en creacionismo vs otras teorías. Los átomos y su energía son la base sólida de la materia conocida y su presencia inicial como partículas subatómicas indican un empezar. La maravillosa evolución comanda un ordenador superior nominado Dios por nuestra limitación humana, que establece y explica, como una autoridad y actividad primaria denominada divina. Nuestra enorme galaxia es minúscula en proporción al tamaño total del universo, el que avanza en toda dirección permanente, organizado con una velocidad centrífuga de 490.000 millas por hora, añadida en su movimiento por la velocidad circular que le permite completar una rotación en 200.000.000 de años luz. Nuestra galaxia es denominada **La Vía Láctea**, en su enormidad contiene nuestro sistema solar, siendo diminuto en su proporción total del universo estamos centrado en el sol, con nuestro sistema planetario girando a su alrededor, formando una parte reducida de nuestro todo en el sistema solar estamos colocados en su borde anterior de dirección. Solamente el 10% de nuestro sistema solar contiene planetas, tiene forma semi esférica y arrastra enormes torrentes de energías laterales, a manera de 2 cuernos en su porción posterior y lateral a la dirección de movimiento. Aunado con todas las otras galaxias nuestro universo se desplaza centrífugo por el espacio, distanciándose del lugar original del BIG BANG. De aquí a ese lugar solo está localizada una porción radial y lineal del universo, si estamos restringidos en distancia, cerca de su desconocido borde. La explosión inicial instantánea originó y afectó toda la enormidad ahora existente, al iniciar las materias y las múltiples formas de átomos. Fue un inmensurable estallido, en el proceso de formación de los elementos que constituyen las estrellas y su alrededor, dentro y alrededor de las galaxias. Energía y espacio dieron comienzo a materia y tiempo. Partículas sólidas, gases y energías espaciales se condensaron en diferentes clases de materias, incluyendo nuestras enormes estrellas iniciales, luego al perecer estas generaciones originaron descendencia similar de menor tamaño, más jóvenes y con vivida rápida; a su alrededor formaron otros cuerpos espaciales periféricos, posteriores, los que fueron organizados con menos energía y más pesados por su aumentada materia sólida denominada rocas, las que por aglomeración iniciaron la formación de los planetas. La estructura del universo es organizada, repetitiva en diferentes tamaños y sujetos, mediante la progresión de la evolución en que un necesario creador inicial es también un permanente organizador, concluyendo en seres vivientes, donde su actividad es más evidente y comprobable, no casual al ser comprobada por su perfección y complejidad; sus dimensiones y materialización son muy variadas, similares en proceso desde las formación de las partículas subatómicas hasta las presentes constelaciones capases de originar y sostener la vida, siendo para nosotros incomprensible mediante nuestra ciencia y limitada inteligencia. ESTE ES EL MAREVILLOSO TRABAJO REALIZADO, HACIENDO HUMANAMENTE IMPOSIBLE IMAGUINAR A NUESTRO ILIMITADO CREADOR, siendo intelectualmente repulsivo dar a la nada crédito por la creación, cuando la generación espontánea es inaceptable a nuestra inteligencia. Algunos materialistas pretenden reemplazar la noción de dios aún con extraterrestres, objetos también de la misma creación, estableciendo somos posiblemente el producto de otra dimensión o provenientes de otro tipo de energía o materia, necesitando perpetuar un estado inicial sin creación. La vida se inició hace más de dos billones de años en nuestro planeta o ciertamente ha sido también extraterrestre, al haberse encontrado evidencias similares a vida diminuta en meteoros, como su evidencia en el inmensurable espacio y deduciendo el radical producto inicial de nuestra evolución viviente en agrupación de átomos por materiales denominados orgánicos persistentes bajo el agua, hasta alcanzar las formas de aminoácidos, y luego ser ordenados en DNA capaz de reproducirse. La gran bifurcación terrestre de organismos básicos se realizó entre seres unicelulares móviles y plantas, continuada en los llamados animales. Concluye en el homo sapiens africano, iniciado en un novedoso individuo con limitado pelo corporal, posición erecta, habilidad manual e inteligencia hasta evolucionar y obtener la dádiva del lenguaje. Anterior a Lucy, en el este continental, estos seres iniciales avanzaron física y mentalmente desde el extremo sur hasta el desierto del Sahara en el norte, entonces cubierto por gloriosa vegetación tropical, dejaron evidencias antropológicas astutas, concluyendo episódicamente en Marruecos, fechados hace 300.000 años en un ser con eficacia mental, capaz de evolucionar para adquirir más habilidades y originar nuestras civilizaciones. La espiritualidad es una dadiva divina otorgada a nuestras almas en el lugar denominado edén, por el ser superior a quien muchos humanos pretenden explicar y dirigir. La lógica evolución material y biológica (partículas subatómicas a constelaciones, y DNA hasta el homo sapiens) como instrumento de un creador supremo desde el comienzo del universo aplicado a nuestro tipo de materia, es un repetido plan maestro con dirección lineal e incontables ramas laterales progresadas o frustradas, no solo son referentes y limitadas a características inermes físicas o vivientes, necesitando incluir progresos mentales e intelectuales, siendo las ideas primitivas llamadas instinto y las superiores que en nuestra especie han persistido protegidas por el éxito, denominadas sapiencia. En nuestra máxima profundidad oceánica, en activos cráteres volcánicos y con persistencia increíble en billones de años, se han demostrado primitivos metabolismos basados en azufre, con posibles características comunes de la vida inicial en nuestro primitivo planeta, capaces de sobrevivir en nuestra ecología inicial desde cuando fue incandescente, totalmente independiente al sistema del ciclo de Creps, común y básico en la vida superior dominando actualmente en nuestro planeta tierra. En la limitada ecología de nuestro precioso mundo se esconde la posibilidad maravillosa con multiplicidad ilimitada de la vida, que al ser expandida a la inmensidad interestelar es maravillosamente diferente. Algunos humanos intentan imponer su opinión, reusando leer en la materia el sistema empleado por el organizador supremo. Luego de 5 extinciones planetarias masivas conocidas, la última victimando a los dinosaurios e iniciando nuestra era de los mamíferos hace 75 millones de años, se identifica un ancestro común de primates y humanos, con gran similitud y mínima parcial diferencia genética, evolucionando durante millones de años, donde hace 80.000 años primitivos humanos avanzaron fuera de África y luego, hace 15.000 años caminaron y navegaron a través del congelado mar en el estrecho de Bering; ellos invadieron y persistieron en América mínimamente diferenciándose por la limitada influencia entre ellos. Solo tenemos difusa noción de civilizaciones de nuestro antiguo pasado, limitadas a una decena de miles de años. Para iniciar la incontable enumeración anterior, quiero mencionar las nunca explicadas construcciones en el lago Titicaca, las sumergidas terrazas en Japón, Bermudas, Asia central y las otras evidencias antropológicas caducadas a nuestro presente nivel de saber, por haber sido creadas en perecible madera en las selvas amazónicas, áfrica oriental, previas a cuando el Sahara era verde tropical y muchas más, en enormes periodos de tiempo anteriores a los faraones. El inmenso vacío de conocimiento anterior a 20.000 años espera ser ilustrado por ciencia nueva.

INFLASION DEL UNIVERSO es su continua expansión, preserva una densidad singular en todo momento y lugar, mediante la fuerza de extensión desde su creación.

EL ESPACIO con enormidad considerada ilimitada no tiene materia que conduzca sonidos y es permanentemente muy frio y sin luz, excepto en la proximidad de las estrellas activadas por energía en la fisión nuclear y por la acción de fuerzas frecuentemente iniciadas en la gravedad o químicas. Contiene múltiples tipos de energía, materia conocidas y por conocer, partículas subatómicas diferentes y los formados átomos más simples, en nuestra realidad primordialmente hidrógeno en densidades muy bajas, originando helio. Se considera la existencia de 300 billones de galaxias alejándose de su inicial centro en el Big Bang. Su enorme tamaño, diversidad y extraordinaria violencia, son unas de sus características más impresionantes asegurando su multiplicidad característica.

Existimos en la 3° dimensión (largo, ancho, profundo) con energía y masa formando movimiento y tiempo. Matemáticamente se demuestran muchas otras posibles dimensiones y en ellas esperamos encontrar diferentes universos. La actitud humana remeda al infante en su primer día de escuela, cuando cree saberlo todo antes de haber sido expuesto a la iniciación de su conocimiento.

Los observatorios astronómicos iniciales fueron seres humanos con curiosidad e interés personal en las noches con estrellas, quienes hace 30.000 años agruparon huesos humanos en acuerdo con los ciclos lunares y luego crearon promontorios y construcciones elevadas para observar los cielos. Los sumarios como muchas otras civilizaciones dejaron escritas en rocas la evidencia de sus conocimientos acerca de las constelaciones hace más de 3.500 años. Los egipcios agruparon las pirámides en direcciones estelares. Muchos investigadores guiándonos a la realidad del universo son desconocidos en todas las civilizaciones. La evolución griega es el líder y la base de nuestros continuados pensamientos en filosofía, arte y ciencias actuales, originales y recopilados de otras culturas dominadas bajo la violencia de la guerra. Mesopotamia con su poder de conocimiento bélico, añadió su ciencia a los oriundos de su mundo hasta ser conquistado por Alejandro Magno. Los romanos usaron el mismo sistema de dominio y cientos de años más tarde, por razones religiosas intentaron destruir esos conocimientos, preservados por el imperio otomano. Los mayas, siendo la civilización más avanzadas de su tiempo en matemáticas y astronomía, vivieron en la península de Yucatán hasta hace mil años, y como muchas otras civilizaciones dejaron en sus pirámides y murales de piedra sus conocimientos. Con la arrogancia del ignorante, los considerábamos sin idioma escrito hasta cuando empezamos a entender los cordeles con nudos utilizados para transferir ideas. Los incas en el Perú construyeron un imperio con carreteras rivales al sistema Romano.

En comparación, medida con nuestro intelecto, la grandiosidad del universo es inmensurable, pero los humanos poseemos el poder de la evolución, haciéndonos preponderantes solo a nuestro alrededor.

Los tiempos modernos introdujeron individualidades.

Nicolás Copérnico fue un polaco científico inspirado en la antigua civilización griega, quien dedujo la tierra no es el centro del universo.

Teodoro Bruno fue un monje religioso dominicano, oriundo de Milán, Italia, quien encontró y leyó el libro romano de Lucrecio, con ideas de astronomía originales de Grecia y sus conquistas. Explicó la naturaleza de la materia, deduciendo la limitación del mundo. En sus sueños entendió la grandiosidad del universo creado. Deportado en muchos países de Europa por sus conocimientos de avanzada, fue invitado a enseñar en Inglaterra donde fue finalmente rechazado. Murió quemado luego de años en prisión italiana, bajo el poder de la inquisición.

Galileo Galilei Escribió en privado su primer libro, 10 años luego del martirio de Bruno. Científico, quién bajo la secreta protección del papa romano recibió su hogar como prisión. Fue el primero en usar el telescopio dirigido al espacio y descubrió las 4 lunas de júpiter con mayor tamaño. Falló cuando intentó medir la velocidad de la luz usando la explosión de una estrella 10 veces mayor que nuestro sol, la nébula Crep, que explotó dejando un enorme pulsar como huella. Se considera el pionero de la ciencia moderna.

KEPLER en los 1.600s, con matemáticas básicas dedujo la masa de astros midiendo la velocidad orbital. Genio inglés de quien se recuerda muy poco, recibió la mayor ofensa aun científico al ser ignorado su conocimiento, tuvo como su mejor discípulo a su hijo, quien preservó su maravillosa ciencia.

Jules Verne, escritor futurista francés, popularizó los viajes espaciales y predijo un proyectil/vehículo lanzado a la luna desde La Florida.

Newton, el matemático y científico ingles popularmente conocido por su explicación de la gravedad mediante la caída libre de una manzana, es un líder del conocimiento humano.

EINSTAIN, genio en la teoría de la física, fue versado en muchas ciencias incluyendo astronomía y su relación matemática.

Carl Sagan fue el comunicador científico, físico y astrónomo de los Estados Unidos más importante en la porción final del siglo XX.

William Herschel, alemán inmigrante a Inglaterra, inició la exploración sistemática del universo, descubrió el planeta Urano como una conclusión matemática necesaria para el equilibrio de nuestro sistema solar, siendo el primer planeta encontrado desde la antigüedad; con la luz ultravioleta demostró la relación de la velocidad de la luz y el tiempo en el espacio. Inició la cartografía de las estrellas.

La luz más antigua conocida proviene y es proyectada desde el centro del universo, localizada en el lugar central del big bang, su proximidad fue captada por el telescopio Hubble, originada hace 13.8 millones de años, permitiéndonos medir nuestra distancia y tiempo a ese lugar, siendo una mancha luminosa difusa, muy débil, con limitado número de fotones cuando arriba a nosotros en tiempo presente.

LUZ, TIEMPO, ESPACIO, GRAVEDAD SE EXPLICAN CON CIENCIA, que es la descripción desmenuzada de la materia y sus consecuencias, mediante el conocimiento inteligente de la creación.

LA MATERIA conocida ocupa espacio y tiene masa, siendo evidente a los sentidos humanos, en nuestro mundo determina nuestra realidad. La MASA de la materia, la porción conocida, crea en proporción directa a su volumen, velocidad, peso y distancia, una fuerza básica denominada gravedad, originando atracción entre los cuerpos expresados mediante el movimiento orbital, al girar más rápidamente en proporción a la simetría producida desde su centro, positivamente influida por la distancia y un número menor de cueros cercanos. Existen otros tipos de materia y energía en proceso de ser entendidos.

EL TIEMPO en nuestro planeta se mide en referencia a nuestra rotación sobre sí mismo (días) y alrededor del sol (años), siendo su mayor expresión la velocidad de la luz como unidades de tiempo mesurada en años luz. El tiempo geológico es enorme, formado de millones y billones de nuestros años, lo dividimos en eras o segmentos convenientes para nuestra descripción y estudio. Es uno de los materiales básicos del universo que partiendo del presente va hacia el futuro, recolectando los eventos en el pasado, mediante el uso de medidas relativas. Con el espacio y la gravedad son partes básicas del universo y no su fibra básica misma, la que es una realidad. La gravedad modifica el tiempo en una curva que va al futuro. La velocidad del tiempo es indirectamente relativa a la proximidad de la masa que lo origina, producido la gravedad que lo influye; la distancia especifica de un punto al centro de su masa de influencia aumenta su velocidad en forma indirecta y mesurable, siendo más rápido en el tope de un edificio alto que en la superficie planetaria.

LA GRAVEDAD es una fuerza de atraer, invisible, unipolar, capaz de mantener la posición relativa de la materia en los planetas, que solo tiene control desde sí misma al mantener la organización del universo, poseedora de una fase o posiblemente fuerza diferente denominada **anti gravedad**, con actividad de repeler, realizada en campos enormes. Siendo la más débil de las energías conocidas tiene expansión universal e intensidad en proporción directa a la masa y la distancia produciéndola. Es conocida por sus efectos, origina estabilidad y destrucción en el universo mediante su fuerza de atracción, realizando movimiento, que con cambiante velocidad organizada realiza en las distancias relativas, organiza la localización de los cuerpos espaciales al distanciarlos entre sí y de su punto de origen, jalando y repeliendo origina la motilidad de segmentos de la materia con relación a otros grupos. **Gravitones** son agrupaciones invisibles, reales, distantes, diminutos, distribuidos en todo el universo, siendo la forma unitaria de esta muy elusiva energía, que interactuando entre sí, se unen a enormes distancias y capturan simultáneamente múltiples masas en un sistema denominándolas **ENTANGADAS,** organizándolas no con velocidad en movimiento, sino con actividad similar, simultánea en un espacio sin distancia y tiempo, en un mismo pasado y futuro, tan rápido y sincronizado que no puede ser comunicado sino compartido, originando la idea de universos gemelos. En dos partículas entangadas, la actividad de una refleja la simultanea igual acción de la otra. Comandan movimiento centrífugo alrededor de otros cuerpos espaciales muy distantes, determinando orbitas similares, siendo su actividad evidente e igual en su efecto simultaneo, en su mayoría con resultado irregular en su forma, controlando movimiento circular o elíptico. Su realidad ha sido demostrada al colocar 2 electrodos en una caja y someterlos a la acción de poderosa electricidad instantánea, transportada por un superconductor; obteniendo la actividad de un péndulo colocado a distancia, manifestada en instrumentas con sensibilidad asombrosa en tiempo y motilidad, evidenciando la presencia de un destello de gravedad alterada. Durante su organización, los sistemas de las estrellas promueven la asociación de sus segmentos planetarios desde sus diferentes componentes, aumentando su control en forma progresiva, con actividad más evidente en su temprana formación. Esta energía no usa instrumentos, simplemente sucede. La gravedad y el entanga miento pueden ser o no, ser manifestaciones de la misma energía. Uno de los más lógicos sistemas de propulsión en el espacio debe estar localizado en la nave transportadora y estar basado en controlar o dominar, al manipular las fuerzas de gravedad y anti gravedad con un generador o neutralizador de sus impulsos. Los cohetes pueden superar nuestra gravedad planetaria, pero la cantidad de energía necesaria en las enormes cantidades de combustible demandadas para generar el impulso efectivo, los hacen no prácticos requiriendo nuevos sistemas de transporte.

LA ANTI MATERIA no es evidente en nuestro mundo material, constituye gran parte del universo total con su asociación a la energía oscura, siendo el 90% del universo que concebimos, al aunar nuestra y esa realidad. Está conformada a distancia, no necesariamente referente a tiempo y espacio, sino también como parte de la realidad dentro de nuestro universo, no representando riesgo para nosotros por no poder aunarse a los otros diferentes tipos de materia. Está localizada en un lugar donde la materia, el tiempo y el espacio chocan. Existe entre y dentro de los planetas, galaxias y en nosotros mismos, invisible a nuestros sentidos. Su realidad es comprobada por la suma de las gravedades donde una gran porción en existencia no es evidente a nuestra ciencia, y la existencia de los agujeros negros, elementos espaciales esféricos con tamaño muchas veces superior al de las estrellas, y gravedad denominada infinita por su magnitud enorme y constantemente creciente. Están localizados en muchas partes de las galaxias, y los más grande son centrales en ellas, como monstruos enormes arqueando las orbitas de soles cercanos, antes de atraerlos en forma irreversible, esclavizándolos en órbitas próximas, devorándolos con sus planetas, luego de comprimirlos diminutos en tamaño, cuando están en proceso de desaparecerlos dentro de ellos, o convertirse en nuevos al ser creados, evidenciando la presencia de estos cuerpos espaciales moviéndose en órbitas con velocidad progresiva, en proporción directa a su proximidad distante y enorme masa. Este tipo de materia es una enorme realidad conformando la mayor parte de las galaxias y el espacio; en proporción mayoritaria de 10 a 1, forman el universo físico y lo crean con su material no entendido, con comportamiento para nosotros ilógico en nuestro mundo astronómico material. La antimateria está conformada por energía y campos magnéticos distintos, concluyendo la existencia de masa con naturaleza diferente en sus átomos y componentes, expuesta mediante la medición de la velocidad de movimiento orbital inadecuado alrededor de entidades de gran tamaño. Formada de partículas sub atómicas diferentes, ahora hipotéticas al no poder ser detectables, por no interactuar con nuestro mundo; pueden ser inmensos astros con diferente tipo de solidez, constando de un diferente tipo de materiales, que no emiten evidencias físicas (MACHO) y explican eventos gravitacionales diferentes a nuestra realidad. Un gramo al contacto con la materia conocida, en teoría, produce una explosión mayor a las explosiones nucleares.

Nada es estático. Nuestro tiempo terrestre es diferente en sus unidades al tiempo interplanetario midiendo distancias en años luz (300.000 km por segundo), denominando velocidad como una relación entre tiempo y movimiento, expresada en el espacio interplanetario en miles o billones de años luz.

LA ENERGIA OSCURA, en 1.998, Perimutter observó súper novas explotando con gigantesca intensidad luminosa, precediendo estos eventos que contradicen las leyes físicas, encontró incremento en la conocida expansión del universo. Por acción de la gravedad, el universo debería reducir su velocidad y no lo hace mediante la actividad de esa energía extraordinaria, de la que podemos medir su gravedad comprobando su existencia, invisible, no entendida, distribuida y difusa en todo el universo, aun en nosotros mismos, pudiendo ser diferentes partes de un espectro y una misma esencia, modificando la relación espacio/tiempo, que debería ser influida por la gravedad como un total, pero al agrupar toda la materia conocida en la forma de esta energía, persiste como una enorme proporción mayor al total de la gravedad conocida. ¿Anti gravedad? ¿Parte de la antimateria? Todo lo que somos y conocemos es solo una porción diminuta del universo formado principalmente por la materia oscura, constituida por partículas desconocidas y agrupadas en todo lo que existe, velozmente atravesándonos y persistiendo a nuestro alrededor. Siendo la base de nuestra existencia, controla todo movimiento. Como razón del big bang, existía previamente en una esencia de gas primordial, no entendible, densa, de energía extraña que, al explotar por su extremado conglomerado liberó la energía que formó inicialmente partículas de protones y electrones con diferentes cualidades. Esa esencia primaria es como un halo alrededor de las enormes galaxias jóvenes, aumentando su cantidad con la edad de ese constituyente, formando filamentos con base en este tipo de materia, transbordando la base de todo lo material, está formada por partículas muchas veces más grandes que protones, sin ser conocidas por no poder interactuar con nada en nuestro universo material; añade masa a nuestro universo al incrementar la gravedad y al reducir el tiempo para la lógica formación del universo y sus galaxias, actuando como acelerador de la secundaria materia si conocida. Son conglomerados de unidades llamadas **webs**, que pueden ser inadvertidos en la materia conocida, siendo de un tipo o muchos, agregados de unas especies de diferentes materias oscuras, a un porcentaje minoritario de la materia conocida, en proceso de ser formada al comienzo del universo, proveyendo energía para el BIG BANG y las estrellas, haciendo lógica la posible formación de los gigantes agujeros negros al desorganizaren en el juvenil universo en formación. Sin posible actividad de la gravedad, organizaron conglomerados iniciales donde ese tipo de energía pudo comenzar a actuar. Inició movimiento de sus propias diferente partículas subatómica, controladas por la energía oscura, siendo entonces el universo un océano difuso, material, de hidrógeno y helio en una base de energía oscura y enorme gravedad, creciendo grupos gigantescos para formar las partes del universo actual, con densidad progresiva, hasta iniciar la fusión nuclear en las primeras enormes estrellas jóvenes del universo y formar todo lo existente alrededor de los super masivos agujeros negros iniciados por estrellas oscuras, formadas por materia no común de un tipo diferente y básico de "hidrogeno y helio", controlado por energía oscura. Su participación en la formación del universo continuó con el control de este. Nuestra galaxia, la vía láctea es un enorme disco elíptico girando en una permanente forma, necesitando la intervención de una fuerza conocida por sus efectos y no por su desconocido tipo de materia, así como lo son todas las otras galaxias, siendo la mayor fuerza creadora en el universo, manifestada a nosotros posiblemente en ciclos de 30 millones de años, con la interrupción de la normalidad.

La partícula subatómica llamada **camaleón** transmite energía a enormes distancias, proveniente de fuentes diferentes.

Los planetas son más numerosos que las estrella alrededor de las que muchos de ellos orbitan, algunos son poseedores de características materiales y físicas muy diferentes a las de nuestro sistema, los conocemos con múltiples desigualdades o peculiaridades individuales y en sus lunas, al ser formados por similares materiales con variadas condiciones y proporciones, son diferentes. Solo conocemos un tipo de ecología produciendo vida similar: la nuestra, deduciendo muchas otras posibilidades. La observación con luz ultra roja muestra innumerables planetas sin luz reflejada, por estar muy distantes de una estrella, o no constituir una fuente mayor de energía, comúnmente denominados sin vida. Los que conocemos son de tipo sólido, conformados de mesclas de materiales denominados rocas, realizados en diferente proximidad de sus estrellas centrales, y gaseosos a mayores distancias de su centro y con tamaño grandioso. Los planetas rocosos, orbitando más cerca de su estrella, con un núcleo central de hierro están frecuentemente más calentados por energía interior, y la gravedad; los planetas gaseosos están más distantes a su estrella, siendo en proporción y tamaño enormes, con características de gases, creando atmósferas con vapores de inmenso espesor, capaces de producir presiones centrales tan grandes que podrían transformar hidrógeno a estado líquido y posible sólido. Si los otros planetas del universo fueron creados en forma similar, es lógico no seamos la única cuna oriunda o receptiva de la vida. No importa la baja proporción numérica de planetas con similares condiciones para acunar la vida, su cantidad increíble los convierte en lógicas habitaciones de lo que llamamos subsistencia. Los **EXOPLANETAS** deambulan independientes a la atracción-gravedad de las estrellas, siendo muy numerosos y presentes en el espacio interestelar. Actualmente se explora la existencia cíclica de clima en nuestro sistema solar.

EL SOL es una estrella amarilla pequeña, con moderada intensidad energética en comparación con otras estrellas, localizado en el centro de nuestro sistema planetario, siendo nuestra mayor fuente de energía, produce gran parte de nuestro calor, luz y gravedad a ser irradiados en nuestro espacio, preservando nuestra existencia y vida. Existen sistemas con más de una estrella girando alrededor de otras estrellas, en horas, debido a velocidades asombrosas. Fue creado hace 6 billones de años, y morirá en 3 billones de años al consumir todo su combustible; es capaz de producir múltiples tipos de energía, usando como materia prima hidrogeno a ser transformado en helio, mediante fisión nuclear, aumentando su volumen y disminuyendo su materia; además produce otros elementos conocidos, individualizados por su número de protones contenidos en la profundidad central de los núcleos de sus átomos, originados por asociación de material nuclear y liberado continuamente por ese proceso. El plasma solar es su mayor área o cuerpo y su conexión con la zona exterior es invisible, necesitando estudios con rayos X para ser estudiada, siendo muy caliente. Los **FOTONES** son unidades de energía, comunes, tienen el menor tamaño concebible, siendo fuentes de energía subatómica, cuando adultos están cargados con energía luminosa y calórica, siendo una de las bases de la estructura física del universo. Son creados en las entrañas de las estrellas mediante la fusión de protones, liberados por la fisión de los núcleos atómicos de hidrógeno y Helio, todos con energía positiva son rechazados mutuamente en desorganizadas y muy frecuentes direcciones; produciendo enorme calor y luz liberada, transforman su dirección en frecuentes choques entre si dentro de su estrella por su enorme densidad e improbables tropiezos entre sí en el espacio donde su densidad es muy reducida, evidentes al ser desviados en su trayectoria linear. Cuando son interestelares rebotan en la alta concentración de partículas subatómicas dentro de la estrella madre. Inicialmente se consideran fríos por su reducida temperatura interestelar en comparación a la de la superficie estelar, difícilmente escapan en largos periodos de tiempo de años a la superficie de la estrella, para ser irradiados libres al espacio habiendo adquirido más energía y luz, viajando en densidades con proporción directa a su proximidad en el punto de formación central y durante un millón de años maduran en fotones hasta ser visibles fuentes de energía solar, luego de ser capaces de su fuga y de haber sido retenidos por magnetismo, rebotando entre partículas subatómica, continuando en campos magnéticos cargados de luz solar, agrupados en enormes explosiones provocando vientos solares. La mayor parte del hidrogeno y su derivado helio, siendo los elementos más livianos y comunes difundidos en el espacio, fueron productos del BIG BANG. Los tres siguientes en la tabla periódica, los raros litio, berilio y boro son originados mayormente por los rayos cósmicos. La siguiente veintena de elementos se forman en el núcleo y síntesis de las estrellas. Los elementos con más de 26 protones se originan en la fotosíntesis de las supernovas. El isotopo carbón 12 es el 99 % de este elemento, puro es diamante, y sus múltiples combinaciones son básicas para la vida, atribuyéndonos con su abundancia a los seres vivientes terrestres el sobre nombre de unidades de carbón. Matemáticamente la masa solar se deduce de la velocidad del movimiento orbital en los planetas a su alrededor. Su fotósfera (superficie solar) parece cubierta de manchas interrumpidas por áreas brillantes. A semejanza de otras estrellas estudiadas en diferentes edades de existencia, nuestro sol durará billones de años más, antes de empezar a colapsarse en su limitada energía, inicialmente aumentando su tamaño y terminando en una explosión inmensurable llamada **NOVA**, y en las estrellas gigantes **SUPER NOVA**, observadas a gran distancia durante la destrucción de muchas otras estrellas con gran tamaño. **La CORONA** es su capa exterior a manera de atmósfera originada en sus campos magnéticos, produce flameantes lenguas enormes de energía, con episódica masiva formación, que brotan fuera de su superficie y son lanzadas al espacio interestelar. Los fotones con su luz, en viajes interminables son mensajeros del pasado, informando con su añadida forma al ser agrupados en números extraordinarios de realidades antiguas, interestelares como eran los elementos espaciales antes de iniciar su viaje sin fin a través del espacio y el tiempo, de la organización y detalles de las galaxias y sus partes marcadas por luminosidad. Siendo letales a nuestro planeta, somos protegidos por nuestros propios campos magnéticos, formados y activados por masivos diferentes materiales. Nuestros **eclipses solares** nos ofrecen la mejor oportunidad para estudiar y entender las coronas, al permitirnos fotografiarlas y evaluarlas independientemente de la masa solar. Las **MANCHAS** solares son oscuras al ser relacionadas con el resto del sol, originadas en sus campos magnéticos, son una ventana al interior de nuestro astro central, 1.400° C más frías que el resto del sol, quien tiene un siclo de rotación de 11 años, no uniforme. Los vientos solares son mazas de energía que acompañan las coronas solares en movimiento, viajando a través de todo el sistema planetario y más allá, conduciendo gases y pedazos de material solar llamados CME, capaces de escapar la gravedad solar dada su enorme energía, alcanzando enormes distancias intervienen o destruyen los campos magnéticos de los planetas próximos (¿los que se suponen, al ser demolidos en el planeta marte acabaron con la vida en ese planeta?), siendo menos evidentes cerca del sol y más indiscutibles en los 4 planetas gigantes gaseosos, en la periferia de nuestro sistema; ya han realizado cambios incuestionables en nuestro planeta. Su presencia en la tierra también puede destruir los satélites, la electricidad, ondas radiales, internet y muchos de los sistemas basados en energía, ahora necesarios para la vida. La protección de los planetas contra la actividad solar está constituida por sus atmosferas, la cual a su vez es preservada por los campos electro magnéticos de los planetas. Las estrellas o soles presentes en todo el universo, pueden ser de una segunda o diferente generación.

Los volcanes son conglomerados de material energético cargado o no con de luz y calor por su elevada energía, brotan desde el interior de los planetas y las lunas a la superficie, algunos tienen fluidos en forma de roca liquida súper calentada y fundida llamada magma, con fuego agregado, como sucede frecuentemente en nuestro planeta tierra, otros son gentiles o no torrenciales, impelidos lentamente por el material que brota desde abajo de su superficie se empuja a sí mismo; son básicos para la construcción final de la superficie de los planetas rocosos, al enfriar su material aglomerado forman las montañas. Cuando rotan con órbitas próximos a su estrella central, inducen adicional calor. Nuestro gas carbónico en el planeta tierra viene de ellos, ocasionando la simbiosis vegetal y animal, en la respiración interdependiente con oxígeno, iniciando nuestro metabolismo. Destruyen y crean material físico, en ocasiones estableciendo condiciones apropiadas para la vida; sin ellos no existiríamos. Más activos en los planetas jóvenes pueden ser planos, chorreando lava como en Hawái o montañas con enorme energía explosiva, cubriendo parte o la superficie de un cuerpo celeste, creando cordilleras, incrementando la temperatura planetaria, como sucede en venus. La pequeña luna de júpiter llamada **Ío** tiene más de 400 volcanes activos, siendo el cuerpo más volcánico en nuestro sistema planetario, súper caliente por la periódica y frecuente elevación y quebradura de su frágil superficie, liberando energía a su exterior, al exponer su candente interior, simulando nuestras mareas oceánicas bajo la acción de la gigante gravedad de su súper planeta. Otra de sus lunas, **Europa** está cubierta por un océano congelado de gruesa superficie regular y externa. Su capa inferior e interior, submarina, sólida sobre la que reposa el mar líquido, por la acción similar de la misma gravedad en la que existen numerosos volcanes, puede incrementar la temperatura a niveles estables, contener material exótico líquido, como metano, el que puede ser de agua líquida o intensamente solidificado, más duros que nuestras rocas, siendo inducida por sus temperaturas muy bajas, siendo sulfuros como otras materias volcánicas, estando proyectados a distancias espaciales, liberando la energía almacenada en forma de geiseres dentro de un líquido, almacenando temperaturas estables, compatibles con un diferente tipo de vida. Algunos volcanes son muy fríos, proyectan nitrógeno y polvo de su luna como en tritón. Marte tuvo volcanes activos hace 3 billones de años.

MAGNETISMO es una fuerza de atracción primaria, más evidente en el hierro, es una de las bases del universo.

LOS RAYOS CÓSMICOS están cargados de intensa energía, en agrupaciones con forma lineal y desordenada cruzan el universo continuamente, siendo parte de una combinación de partículas subatómicas letales para nuestro tipo de vida, han sido creados en las supernovas. Vienen desde el espacio interestelar y luego de atravesar nuestro sistema solar son reflejados nuevamente al espacio. El sol con su energía actúa como una nodriza protectora dentro del inmenso globo de su influencia, usando sus rayos solares nos protege de estas entidades intensamente nocivas, como un escudo conservador es capaces de protegernos, siendo una parte primaria en la línea de defensa contra esta energía y otros elementos subatómicos interestelares, letales y desorganizados, que viajan a casi la velocidad de los fotones.

Las líneas magnéticas del universo y los campos magnéticos que forman **son** partes de la organización las galaxias como parte energética o fuerza magnética básica para la existencia del universo, originadas en diminutas estrellas distantes, con diámetros de pocas millas y niveles de energía difíciles de entender por su magnitud, llamadas **magnetares**. Los imanes de hierro tienen fuerzas que atraen o desplazan, dependiendo de la localización direccional de sus dos extremos polares opuestos llamados positivo y negativo, intercambiando partículas con luz débiles, llamados también fotones. En los átomos los núcleos con carga eléctrica positiva y los electrones con cargas negativas intercambian fotones que los conservan unidos a distancia, al atraerlos y repelerlos, al absorber energía de ambas entidades, denominada **electromagnetismo,** que al unir los átomos crearon las moléculas, los elementos y todas las galaxias, dando a la materia su característica solides al repeler y atraer entre sí los átomos, impidiendo su colapso, aunada por la aumentada energía en las unidades de luz. En el muy temprano universo no hubo átomos hasta cuando las masivas energías originaron una densa, confusa mezcla de partículas sub atómicas, entonces, con el big bang intervino la fuerza electromagnética creando orden al liberar los fotones atrapados en los materiales de los elementos iniciales, originando luz y las líneas en los campos magnéticos. Las estrellas para su formación necesitaron gas, energía, tiempo, magnetismo y gravedad para formar plasma, hasta elevar la temperatura, arribando al punto de fisión. La desorganizada materia alrededor, giró por virtud del movimiento angular, originando un enorme disco inicial amorfo que para asociarse con la gravedad previamente fue intervenida, al ser aunada y organizada por el magnetismo. Las estrellas jóvenes denominadas proto estrellas formaron los campos magnéticos que reducen la velocidad del disco, permitiendo la supremacía de la gravedad y otras energías hasta cuando la fisión se inicia en enormes puntos del entonces universo gaseoso. Al ser protegidas por magnetismo, creciendo y evitando el colapso de la estrella, permanecieron con la necesaria cantidad de esta energía electromagnética sin cambio, que al presente final son los magnetares con energía enorme, que impele la existencia próxima y sin colapso de los átomos, dentro de las estrellas, habiendo sido muy comunes ahora son ocasionales.

LOS CAMPOS MAGNÉTICOS PLANETARIOS protegen nuestra atmósfera de la energía solar dañina a nosotros, manteniendo la integridad y estabilidad de la energía en los planetas, están formados por activas partículas atómicas y energía nativa. En nuestro planeta fluyen como chorros energéticos continuos, saliendo en la proximidad de un polo geográfico y retornando cerca del otro polo, formados por nuestro núcleo de hierro como evolución tardía de los elementos, constituyen una coraza externa enorme, de energía protectora sobre nuestra superficie, circulando cubren todo nuestro globo.

El conocimiento de **NUESTRO SISTEMA SOLAR** está explicado por el **sistema Cassini**, sabemos que en el universo existen muchos sistemas disimilares con materiales y formaciones diferentes, posible similitud es explorada. El nuestro nació en la explosión de una supernova próxima con increíble violencia parcialmente centrada en nuestro sol, originada en gas y partículas subatómicas, en su comienzo denominada nébula, condensada en forma progresiva por gravedad y electromagnetismo, la que explotó su hidrogeno transformado en helio, iniciando una cadena de creación de átomos complejos y material sobrante que formo los otros cuerpos estelares como planetas y lunas; luego absorbió planetoides en construcción y el material de desecho, documentando nuestro pasado en fotografías actuales de la formación en progreso de otras estrellas. La formación de los planetas fue accidentalmente explicada cuando en el espacio una bolsa de plástico conteniendo granos de sal, azúcar y café fue inflada originando grumos instantáneos; sin gravedad las partículas no flotan aparte sino se unen en grupos en tamaño progresivo, en proporción al material disponible, originando enormes colisiones que en tiempo se estabilizan como sucedió en la formación del cinturón de asteroides y en el cinturón de Capar. Nuestro sistema planetario no termina en el área de nuestros planetas, la que ocupa solo el 10% de nuestro sistema solar. Los planetas solidos se formaron por efecto de la gravedad en proximidad al sol y los gigantes gaseosos a su gran distancia, cada uno donde el material de su tipo fue abundante. El material en exceso de Júpiter y Saturno formó a Urano y Neptuno con posible cambio de órbitas. En su desconocida porción posterior a la dirección de movimiento distante del sol, parece contener una desproporcionada muy grande cantidad de elementos planetarios. Trillones de rocas heladas existen en campos de radiación intensa, se extienden a distancia trillones de millas más allá de Pluto, región de la que tenemos mínimo conocimiento por la gran distancia que nos separa, donde la energía solar es para nuestro entendimiento inmensurablemente débil; allí se constituye el hasta hace poco ideológico **cinturón Capar**, ahora evidentemente real, cuando fue demostrado en el rustico observatorio de Hawái, en los años 90, está constituido por material helado, innumerables cometas solo con millas en tamaño, y menores, denominados **plutinos.** De allí vinieron la mayoría de los cometas que en número y tamaño decreciente desde tiempo inmemorable nos impactaron durante nuestro primer billón de años de existir, y nos impactan ahora ocasionalmente, siendo de tamaño múltiple desconocido, en su mayoría son hielo y roca, orbitan durante millones de años muy lejos del sol, en distancias solo imaginables. Por lógica no debemos preocuparnos de los muy raros que, con frecuencia reducida y tamaño desde gigantes, capases de extinguir la vida en nuestro planeta como el que al impactarnos en Yucatán extinguió los dinosaurios, sino de los relativamente pequeños y frecuentes como el que hace un siglo explotó en nuestra atmosfera, sobre Siberia. Con continuidad, los vientos solares son masivos grupos de partículas solares sueltas y agrupadas, frecuentemente emitidas en conjunto, protegiéndonos al consumir materia de meteoros y con su enorme energía, con funcionalidad como lo hacen los campos magnéticos de los planetas, estos asisten en controlan los vientos espaciales, cargados de energías y elementos letales a nuestro tipo de vida. Una porción de los campos magnetismos solares no se desvanecen en el espacio, se enredan y amarran entre sí, reconectándose y formando enormes burbujas magnéticas asociadas a otras energías, protectoras permanecen al rededor del sistema solar, billones de millas en tamaño y con enorme número. La **pausa de helio** es el borde entre nuestro sistema solar y el espacio interestelar, presente alrededor de nuestro sistema solar; principalmente contiene aumentada densidad de difusos átomos de hidrógeno formando un bloque de choque defensivo, constituido de energía. La mayoría de los rayos cósmicos son reflejados, retornando al espacio, creando en su punto de enfrentamiento la **cinta solar** que con mínima densidad es la porción de más tamaño envolviendo nuestro sistema solar. Tenemos la forma de una enorme luna en menguante temprano, con 2 colas laterales difusas, creadas por energía magnética, conteniendo las enormes e incontables burbujas solares repletas de energía solar, denominando en su conjunto la **esfera de helio**, que va más allá de nuestro sistema solar. Estos rayos cósmicos son originados en la destrucción violenta de las estrellas, ocasionando cambios en los átomos de los elementos golpeados y causando mutaciones genéticas letales en los seres vivos.

LOS PLANETAS DE NUESTRO SISTEMA SOLAR son 9, con especulaciones de uno más, distante y enorme. Los 4 centrales tienen una superficie sólida, un manto de roca que cubre su núcleo de hierro y níquel, el que en nuestro planeta es líquido e incandescente. Sus distancias al sol central no es siempre la misma por tener órbitas elípticas en posiciones no uniformes. Estos cuatro son **Mercurio, Venus, Tierra y Marte**. Los planetas de mayor tamaño son más distantes al sol y contienen estructura gaseosa más antiguas: **Júpiter, Saturno, Urano, Neptuno**, excepto **Pluto** que entre los últimos es el único sólido, por algunos no considerado ser un planeta debido a su reducido tamaño; la incógnita son otros numerosos cuerpos celestes más distantes a nosotros que Pluto. Los planetas gaseosos tienen anillos a su alrededor, siendo los de Saturno los más espectaculares. Nuestro sistema es enorme, con 3 años-luz de diámetro y solo su 10 % próximo al sol está ocupado por los planetas. La porción distal es totalmente desconocida.

MERCURIO es el planeta más próximo al sol con una enorme orbita elongada que le ocasiona los cambios de temperatura más extremos en nuestro sistema solar, con temperatura de 900° y superficie rocosa, tiene cráteres numerosos, similares a los de la luna, escasos en la tierra y marte por la diferente enorme protección atmosférica en magnitud y tiempo; tiene un diámetro un poquito mayor a venus, rotando en un corto periodo de tiempo, a 1/3 del radio de la órbita de la tierra al sol, con permanentes temperaturas extremadamente elevadas. Evidencias geológicas indican que en un pasado distante tubo agua y posiblemente vida. Tiene una órbita elíptica, estable, por su translación permitió a Einstein comprobar su teoría de la relatividad y gravedad mediante la desviación visual unidireccional hacia el sol de la luz emitida por una estrella al pasar en la proximidad del astro rey, evidenciando la curvatura de esta energía, al poder comprobarla durante un eclipse solar. Al igual que venus no tiene satélites y como venus fue explorado principalmente por la sonda **Mariner**, que a 3 niveles diferentes sobrevoló mercurio y tomo 10.000 fotografías. Tiene una rotación de 58.7 días siendo este tiempo casi 2/3 de su translación. Esta constituido en 70% por metal y 30% por silicato con densidad menor a la de la tierra. Su enorme núcleo de hierro es el 42% de su espesor cuando el de la tierra constituye solo el 17%. Su manto tiene un espesor de 600 km y la corteza 100 a 200 km, con superficie marcada con cañones de miles de km de longitud llamados líneas escarpadas. Con su órbita muy excéntrica tiene un amanecer doble en su superficie planetaria en la mañana, sale, se esconde y sale de nuevo. Por su atmósfera muy tenue sus sondas han necesitado frenos de retropropulsión.

VENUS es el gemelo de la tierra por su similar tiempo de formación, tamaño y masa, con muy caliente y profunda superficie bajo una atmósfera muy gruesa a 900 grados F que impide el éxodo de la energía solar capturada, agregada a mil volcanes enormes y decenas de miles de volcanes pequeños activos, cubiertos por intensa gravedad y turbulencias, demuestra ser inhóspito a la vida como la conocemos. Inicialmente fuimos similares en origen y naturaleza, como cientos de planetas temporales que fueron destruidos y asimilados por el sol y los planetas sobrevivientes, los que desaparecieron en el primer billón de años de su existencia. Nuestras gravedades atrajeron múltiples cuerpos espaciales, aunados nos permitieron crecer. Debido a nuestra similitud en velocidades y masas, aparecieron nuestros campos magnéticos originados en nuestros núcleos de hierro. Hasta hace 3 billones de años tuvimos atmosfera y océanos similares, desde entonces no compartimos historias similares. Nuestro diferente presente se fundirá en un futuro similar a nuestro común comienzo, durante nuestro último billón de años de existencia cuando seremos parecidos, al desaparecer evaporados nuestros océanos, relocalizados a 35 millas de altura en nuestra cambiante presión atmosférica. De nuestros muchos exploradores solo muy pocos se han aproximado a la superficie para poder tomar fotografías. Somos diferentes por nuestra desigual distancia al sol que con la discrepancia de sus vientos solares arrojó al espacio el agua de Venus y nos permite preservar nuestra agua. Actualmente Venus tiene una espesa atmosfera de dióxido de carbono concentrado, originado en sus volcanes y retenido en sus rocas, creando una muy pesada presión atmósfera, que se precipita a su superficie emulando nieve, siendo constituida de metal fundido, proviene de los volcanes presentes sobre todo el planeta, proyectando magma semisólida sobre las cumbres de las montañas o fluyendo lentamente al extenderse sobre la superficie; tiene nubes de ácido sulfúrico ocultando su faceta superior, que atrapa muy alto nivel de calor solar al no poder ser reflejado al espacio a través de la gruesa atmósfera, suficientemente caliente para fundir metales. Actualmente no tiene agua, pero evidencias geológicas similares a las nuestras demuestran su pasado húmedo en su superficie. Venus sufrió un cataclismo al ser golpeado por un cuerpo estelar enorme, invirtiendo su órbita ahora en dirección opuesta a la nuestra; con su poca velocidad no es capaz de preservar sus campos magnéticos, los que nos protegen del sol con su capacidad destructora. Con una mayor proximidad de 27.000 millas al sol, induce su temperatura elevada y evapora el agua dentro de su atmósfera, condensándola a 35 millas de altitud, más cerca del frio espacio, para permitir la realización de la vida se necesita transportar el planeta a mayor distancia del sol usando tecnología que actualmente es solo una ilusión. El robot Magallanes en 1.989 estudió su superficie planetaria al penetrar la atmosfera con su radar; encontró que el 20% de su superficie son montañas enormes y el resto planicies.

LA TIERRA: La formación de nuestro planeta hace 4.5 billones de años también se inició en enormes sombras espaciales, formadas con apariencia densa y muy limitada cohesión de partículas nucleares básicas, las que habían iniciado y originado las galaxias y las estrellas que posteriormente ordenaron las constelaciones, los planetas y sus lunas. Nuestros ancestros planetarios tuvieron origen en la magnificente explosión inicial denominada BIG BANG, en que el creado y conglomerado polvo espacial en progresivas densidades, con condiciones adecuadas recibió las energías electro magnética y luego de gravedad necesarias para originarnos desde el material atómico de las enormes estrellas iniciales. En diminutas partículas de segundo, los más antiguos átomos de los elementos espaciales en las primeras estrellas, y posteriormente en extensas unidades de tiempo, innumerables otras enormes explosiones locales, menores a la inicial, continuaron el similar proceso de formación. Con incontables repetidos estallidos destructores y creadores de estrellas y agujeros negros, con múltiples más recientes organizaciones de planetas y lunas, llegaron a nuestro presente universo. El ancestro de nuestro sol fue una a de las estrellas iniciales. Por las condiciones diminutas del polvo cósmico, la fuerza de gravedad no fue artífice en ese entonces, necesitando un tipo diferente de energía, posiblemente de tipo electromagnético, para la aglomeración atómica inicial. Las tormentas en las agrupaciones gaseosas, en forma de rayos y relámpagos, fueron anteriores a la preponderancia inicial de la gravedad. Un material sin peso creció alrededor de los enormes y nuevos soles por acción de la iniciada gravedad, fueron recolectados y aunados formando material sólido, inicialmente en forma de polvo de rocas desorganizadas, que finalmente al agregarse en forma progresiva formaron los planetas. Con este material así producido y sobrante de la construcción de las estrellas, en su proximidad hicieron su comienzo las rocas solidas formando los núcleos planetarios de menor tamaño. A gran distancia de la estrella madre, siendo de mayor tamaño y eminentemente energética, por su continua fisión, el condensado material gaseoso, muy abundante, formó los planetas gaseosos distantes a su estrella, con mayores dimensiones, al utilizar el material local abundante en diferentes lugares espaciales. Luego de la transformación del polvo cósmico sobrante en rocas diminutas, se necesitó aproximación mediante persistente energía progresiva para la formación por la masa en proceso de ser aunada, formando el sobrante material tipo grafito, hoy presente en los asteroides, como uno de los componentes más antiguo en nuestro sistema solar sólido, siendo el resultado de la fuerza progresiva de la gravedad, creando atracción entre las partículas, manteniéndolas juntas al aunarlas en la proximidad de las estrellas. Con formas irregulares crecieron hasta que su interna gravedad, con su veloz movimiento de translocación y rotación, les dio forma esférica, permitiéndoles crecer al fundir las rocas, que actuaron como material mineral blando de hierro y níquel, fueron capaces de cambiar de forma por compresión; se solidificaron en elevadas temperaturas formando planetas con tamaño progresivo desde su inicial miniatura, obteniendo energía en su veloz movimiento. Posterior o simultanea fue la formación inicial de las lunas. Al transformar su materia en lava fundida, concentraron el pesado hierro en su centro organizando nuestros protectores campos de energía electromagnética, los que nos permitieron tiempo para aumentar en masa al recibir innumerables impactos de cuerpos espaciales adicionales y crear, manteniendo la vida. En tiempo, las diferentes energías y condiciones modelaron las partes de nuestro presente universo. El planeta tierra ha permanecido desde su comienzo en la misma órbita estable por 4.5 billones de años, permitiendo la formación de nuestra atmosfera basada en agua y nitrógeno, organizando la persistencia de vida empezada hace 2.5 billones de años. Somos una joya planetaria. Fuimos un desierto de roca quemándose, y nuestra agua fue adquirida posteriormente, al ser impactados por enormes cometas y asteroides. Los planetas de nuestro sistema estaban en orbitas inestables, desestabilizando primero júpiter y Saturno, luego por gravedad todo el sistema planetario presente fue reorganizado. Neptuno y Urano cambiaron de lugares orbitales y Saturno se alejó del sol derramando pedazos sólidos, muchos de ellos bombardearon nuestro incandescente planeta. Durante nuestro primer billón de años de existencia hubo incontables impactos de meteoritos conteniendo roca y hielos sobre toda nuestra superficie, cuando fuimos un planeta en proyecto. La violencia del universo se refleja en nuestro comienzo. Actualmente nuestra distintiva agua en la superficie, necesaria para la existencia de la vida como la conocemos, es solo 0.06% de nuestro planeta; nuestra solidez superficial bajo la atmósfera está en continuo movimiento sobre inmensas placas planas denominadas teutónicas, encima están las depresiones en que cabalgan nuestros océanos y las áreas elevadas de los continentes en que los volcanes, al atropellarse originan nuestras cordilleras. Somos una mancha azul en el espacio oscuro. Nuestras estaciones se deben a la inclinación de 23° de nuestro eje central, presentando al sol en periodos regulares de tiempo, las diferentes partes de nuestra superficie; nuestro año debido a la translación al rededor del sol en 12 meses y fracción de un cuarto de día, completando su órbita a similar distancia, en forma mínima modificando nuestra temperatura, permitiendo la preservación de la vida mediante la rotación del planeta sobre sí mismo, al ocasionar nuestros días de 24 horas al incluir la noche. En el verano, un hemisferio es predominantemente presentado al sol, recibiendo más calor y los días son más largos. El opuesto hemisferio experimenta cambios opuestos, simultáneos, denominados inviernos. Los vientos se originan en los cambios de temperatura siendo a nivel de la mar más elevada por tener presión atmosférica mayor y descendiendo a noveles mayores de altura por estar más cerca del frio espacio. Los huracanes que azotan central y Norteamérica se organizan en los océanos Atlántico y Pacífico con dirección similar repetida. Las lluvias con intensidad variante son la condensación y precipitación por gravedad del agua evaporada y dirigida a la atmósfera alta al sufrir una temperatura superior a 100° centígrados. La licuefacción del hielo interplanetario transportando agua produjo nuestros océanos y atmosfera, protegiéndonos de la letal acción del sol mediante nuestros campos magnéticos. Se dice que el agua que bebemos es la misma sin cambio, originada al comienzo del universo. Para continuar nuestra presente existencia como especie, en menos de 3 billones de años, debido al aumento de tamaño de nuestro sol en proceso de envejecer y aproximársenos ocasionando la futura pérdida de nuestra atmosfera, necesitaremos distanciar nuestro planeta del sol, mediante tecnología ahora ignorada, o abandonar nuestro lugar de origen. La temprana supervivencia humana en nuestro planeta está amenazada por nuestra polución activa y el consecuente aumento progresivo de temperatura, limitándonos a pocos cientos de años.

LA LUNA de nuestro planeta tierra tiene características únicas en nuestro sistema planetario. Nació simultáneamente con la tierra hace 4.5 billones de años, en el comienzo del sistema solar, los dos cuerpos espaciales de diferente tamaño tuvieron evoluciones temporales diferentes. Se teoriza, posterior a nuestro impacto por el planeta TIA, inicialmente hubo 2 lunas, la de menor tamaño siguiendo a la mayor, hasta fusionasen en un parcialmente violento cataclismo, preservando en nuestro presente dos mitades geológicas diferentes, posteriormente aunadas por la fuerza de la gravedad, cubriendo la porción más distante y pesada de nuestra luna con lo que fue la luna menor, produciendo una superficie más gruesa, con 30 millas de espesor y superficie más uniforme, siendo las dos mitades diferentes, han sido modeladas y aunadas por la gravedad y una historia desde entonces común. La mitad proximal, con su superficie de polvo y cráteres, tiene enormes cuevas profundas, denotando tubo actividad volcánica, indica persistir con vida geológica central y reducida. La luna es básica para la formación y mantenimiento de la vida terrestre al alterar los químicos de nuestra superficie, indispensables para la vida como efecto de su gravedad sobre nuestro planeta, produciendo mareas enormes en su temprana edad de organización, cuando permanecíamos más cerca. Se suponía era un planeta pequeño capturado por nuestra gravedad, pero posterior evidencia geológica demostró que fue arrancada de la tierra hace 3,5 billones de años, cuando el enorme cuerpo estelar, con el tamaño del antiguo planeta marte, que era el 5th planeta en nuestro sistema, nos impactó en el ángulo requerido para romperse ambos en muchos pedazos y agregada magma, permaneciendo próximos por la fuerza de la gravedad externa, se unieron y transformaron en redondas por su gravitación individual, formando la tierra y las 2 pro lunas incandescentes. Las dos lunas formadas con tamaños diferentes fueron gemelas, con localización próxima, persistieron por tiempos enormes hasta que aproximándose chocaron entre sí, formando nuestra única presente luna, que tiene añadido material terrestre calcinado y sin vida, como lo conocemos en nuestro planeta primitivo, siendo parte del componente original; ahora a 11.000 millas de distancia entre nosotros, lentamente nos distanciamos 1.5 pulgadas cada año, que en billones de años conformarán enormes distancias. Posteriormente, en nuestro planeta y nuestra luna fue agregada agua espacial, procedente del borde distante de nuestro sistema planetario y transportada por meteoritos, creando atmosfera mínima en nuestra luna, sobre un pequeño núcleo de magma caliente que la convierte en activa o viva, a ser observado ocasionalmente como manchas luminiscentes temporales brotando de su interior. Siendo de arena y sin atmósfera significativa, nuestra mitad próxima está marcada por muchos impactos no modificados de asteroides con múltiples tamaños, que le permitieron crecer. Nuestro satélite con enorme tamaño para ser una luna, dada su proporción al planeta que orbita, está formada de superficie gruesa, mantel de roca y núcleo caliente, escapando lentamente al espacio. Fija a nuestro planeta, sin rotación sobre sí misma, solo muestra una de sus 2 caras a la tierra, teniendo una velocidad de translación dependiendo de a la nuestra. Los rusos fueron los primeros en fotografiar su cara posterior, la que se esperaba ser similar a la que podemos ver. Siendo geológicamente muy diferentes las dos mitades, demostraron la existencia inicial de las dos lunas, ahora fundidas entre sí, la porción posterior a la tierra de menor tamaño; teoría previamente aceptada en super computadoras. Con las dos masa aproximadas y alineadas enfrentando su translación produce el equilibrio que impide su translación, al transferir más gravedad sobre la tierra, origina nuestras mareas altas en los océanos. La luna llena indica nuestra falta de alineamiento con el sol, reflejado la luz solar sobre la total superficie lunar, agrega sus gravedades aunadas mediante la alineación y adición de sus masas. LAS FACES LUNARES dependen de la posición de la tierra en relación con la luna interpuesta al sol, proyectando la sombra lunar en forma de oscuridad parcial, temporal sobre un punto en movimiento de la tierra. En 1.969 Neil Armstrong, U. S. A., viajando en el cohete Apolo 11 fue el primer humano en caminar sobre la luna. El eclipse solar ocurre cuando la perfecta alineación de la luna entre el sol y nosotros cubre totalmente la luminiscencia del diurno sol, transformando momentáneamente en día en la noche y enviando sobre un lugar de la tierra los bordes luminosos del sol y su sombra central total, temporal, inducida por el movimiento de translación lunar. La energía luminosa de los bordes solares destellando alrededor de la luna producen ceguera (daño permanente de las terminaciones nerviosa visuales en la retina) si se miran sin lentes protectores, aún durante tiempo mínimo. Es nuestro puerto interplanetario más conveniente conocido, pero su falta de atmósfera no es protectora contra radiaciones, meteoros y radicales cambios de temperatura. Los viajeros necesitan protección bajo su superficie en las enormes cuevas creadas por la acción volcánica de la lava antigua y no por agua, como sucedió en la tierra, que convenientemente pueden ser selladas con enormes puertas móviles. Toda el agua del universo fue creada durante el big bang, y la nuestra, proveniente de la porción más distante de nuestro sistema solar, fue transportada a nosotros por cometas y no puede ser considerada nativa; es nuestra fuente de oxígeno aunado a nuestro hidrógeno, al ser descompuesta. La luna se nos está separando lentamente, acelerando su velocidad gravitacional. Con su edad, el sol aumentará de tamaño, atrayéndola hasta despedazarla y convertirla en partículas de un anillo a nuestro alrededor, similares a los de Saturno, transformándonos en un solo cuerpo celeste, sin vida.

CASSINI es la nave de un robot explorador llamado **Huygens** enviado a los planetas y lunas más distantes de nuestro sistema planetario, informándonos de muchas maravillas mediante fotografías transmitidas a nuestro centro espacial. Ahora está a progresiva mayor distancia que PLUTO, en dirección al espacio exterior de nuestro sistema solar, acarrea información sonora gravada en discos de oro acerca de nuestra especie, sucesos y costumbres, transmitiéndonos continuamente información científica a nosotros, a ser limitada en tiempo por la vida de su batería.

MARTE es llamado el planeta rojo por tener abundante óxido de hierro y zinc en su superficie que influyen su color espacial, por su distancia a nosotros tiene una demora en una conversación de 42 minutos en cada dirección, permitida por una serie de telescopios electrónicos con múltiples localizaciones terrestres, destruyendo el destructivo aislamiento interestelar de los viajeros. Consta de algunas formaciones geológicas comunes y otras no existentes en nuestro planeta. Es el 4th planeta localizado a distancia del sol, y de los próximos a nuestro astro central es el segundo en mínimo tamaño planetario luego de Mercurio; tiene una órbita que nunca cruza la terrestre, y tamaño moderadamente menor al de la tierra, con vientos torrenciales durante el invierno, cubriendo todo el planeta. El enorme **Cráter Gale** tiene características similares a los terrestres, 150 millas de diámetro y una inmensa montaña central con evidencia de formaciones posiblemente secundarias a la antigua presencia de agua, como rocas redondeadas y un cráter elongado, erosionado por agua en estado líquido y torrentosa, con la que estuvo lleno hace 3.8 billones de años; constituye un lugar prominente para ser explorado. **Terra Sirenum** es una extensa área, rica en localizados múltiples minerales adecuados para mantener la vida, con certeza de haber poseído antigua agua, temperatura, atmósfera y luz cíclica, posiblemente manteniendo vida en un distante pasado, hace billones de años. El presente de esa vida no es conocido, su comienzo se supone anterior a la vida en la tierra, por su tamaño menor y por evidencias de un impacto con un cuerpo estelar enorme llamado impacto boreal, que casi diluyó su superficie planetaria, capaz de destruir la vida marciana. En tiempo, la vida puede recobrarse si las condiciones necesarias permanecen. Sabemos que el agua retornó a marte, formando su limitada atmósfera, demostrada en presentes condensando granos de hierro. Los volcanes necesarios para la vida existieron, presuntivamente asistieron a originar bacterias marcianas cuando la vida se iniciaba en el planeta tierra. El eje planetario se modificó creando un catastrófico cambio de clima. **Valles Marineris** es una enorme depresión semi linear, muchas veces en tamaño y similar a nuestro gran cañón, con geología parecida a zonas de Hawái. **Región Tharsis** posee muchos enormes volcanes, con evidencia de lava fluida hace milenios. Marte tiene extremos de temperatura con tormentas frecuentes que duran semanas y letal radiaciones alfa, solares e Inter espaciales con intensidad 250 veces mayores a las terrestres. **Cráter Orcus Patera** (forma de ballena), con inusual forma oblongada y 160 millas de longitud originado por la dirección oblicua casi paralela del enorme proyectil inter estelar que lo originó e incluye en su interior múltiples cráteres menores con diferentes edades desde el momento inicial de su formación común hasta posteriores impactos menores. Con un viaje a durar 7 meses esperamos visitarlo en el año 2030; siendo a nosotros el más familiar de los planetas por las muchas exploraciones con robots realizados en los últimos 50 años, fotografiando todos sus rincones. Su atmosfera es muy poca, basada en dióxido de carbono, y una presión atmosférica 100 veces menor a la terrestre, indicando que su exploración debe ser basada inicialmente en robots hasta ser facilitada por tecnología más avanzada. Tiene antiguos enormes cañones y volcanes gigantes inactivos donde resalta **OLIMPUS**, el segundo con mayor tamaño conocido en nuestro sistema planetario, y posee mínima existencia de agua, esperada en sus depresiones más profundas y especialmente en el polo sur, donde parece existir con moderación. Su limitada rotación e inclinación induce estaciones similares a las de la tierra, pero no bien definidas. Con enormes formaciones geológicas, está dividido en dos regiones, el sur con muchos cráteres de meteoros y el norte con volcanes actualmente no activos. Tiene formaciones físicas supuestamente originadas por ancestrales torrentes de agua, ahora no existentes; posee una formación gigante simulando un rostro humano. Son prominentes sus dos satélites pequeños, irregulares, no nativos de marte: **Fobos y Deimos**, lentamente móviles, uno en proceso de escapar al espacio y el otro en dirección a estrellarse sobre la superficie planetaria. Hemos identificado enormes túneles bajo su superficie que fueron rocosas galeras volcánicas, diferentes en su formación a las cuevas terrestres formadas por torrentes de agua. En invierno el polo sur está cubierto de gas carbónico congelado, que con el sol del verano se evapora en una columna gaseosa, dejando en la superficie enormes formaciones similares a telarañas, fácilmente visibles desde nuestro polo sur.

EL CINTURON DE ASTEROIDES es una multitud de esta clase de cuerpos espaciales, orbitando distales a marte, con tamaño desde diminutos hasta miles de millas en diámetro, separados por grandes distancias, siendo SERIS el de mayor tamaño, capaz de poseer limitada gravedad, con la que puede atraer otros asteroides y han tomado formas de globos, por su gran tamaño, como Pluto se disputa el nombre de planeta.

JÚPITER tiene el nombre del rey de los dioses griegos, domina la evolución del sistema solar, es un coloso planetario gaseoso, orbitando distante a los planetas rocoso, un híbrido material entre el sol y los planetas, teniendo con el primero más en común. Posee docenas de lunas y más del 90% de su enormidad es hidrógeno gaseoso en su capa externa, posiblemente liquido o sólido en su profundidad, con formas no conocidas en nuestro mundo, natural en su desconocido interior por efecto de su masiva gravedad, que lenta y en forma progresiva lo reduce de tamaño. Secundario al sol en dimensión, es el planeta con más influencia en nuestro sistema, describiendo nuestra formación y evolución; consumió el enorme material sobrante a la formación del sol cuando inicialmente estuvo abandonado y desorganizado en áreas espaciales exteriores a los planetas sólidos donde se formó, en la inmensa área distal y congelada, rica en agua, capaz de pegar en forma irreversible los materiales sólidos. Al crecer estuvo en el lugar equivocado, se abalanzó hacia el sol y su proximidad, cambiando de posición astronómica, devorando material de Marte y con movimiento de espiral en dirección opuesta parcialmente retornó en dirección a su lugar de origen, arribando a su presente órbita. Siendo el planeta más antiguo de nuestro sistema solar, previamente continuó su formación en extrema proximidad del sol, atrayendo con su vecindad durante su retorno masivo hidrógeno y otros gases espaciales, meteoritos y cuerpos celestes. Protege la super vivencia de los planetas al atraer restos planetarios sueltos, por efecto de su gigantesca y progresiva gravedad, continuó modificándose a sí mismo y a su cercanía hasta cambiar su posición inicial a su presente equilibrio orbital, arrastrando consigo su vecino Saturno y los materiales que crean sus anillos. Tiene un tamaño capaz de contener más de dos veces todos los planetas de nuestro sistema; con 43.000 millas desde su borde exterior al centro está orbitando alrededor del sol, rota sobre sí mismo más rápido que cualquier otro planeta con días de 10 horas, originando enormes bandas horizontales de calor progresivo, con diferentes colores paralelos muy evidentes, proviniendo de su interior y no del sol. Con la asociación de masa, calor y movimiento resulta tener una gravedad monstruosa que apachurra su gaseosa materia. Debiera estar mucho más lejos del sol por haberse formado en la capa congela exterior de nuestro sistema. Es una reminiscencia de la historia de nuestro planeta, como una capsula de tiempo o museo, y base fundamental de nuestro sistema solar, teniendo capacidad para reemplazar el sol que morirá en 4.5 billones de años. Es un gigante de gas con atmosfera formada de hidrógeno en su 90% y metano el 10%; con núcleo desconocido, encubierto e inaccesible por su impenetrable profundidad, posiblemente es gas salificado, sin ignorar el material solido atraído, o su posible periferia gaseosa condensada, de enormes posibles 3.000 millas de espesor gaseoso que aumenta su presión atmosférica central, aplasta y vaporiza aun a nivel molecular, haciendo que los elementos se comporten en forma diferente a la conocida, simulando características más exóticas que las de nuestro conocido metal mercurio, conteniendo posible vida en la capa externa. El hidrógeno capturado y no nativo es su elemento más común, por acción de la monstruosa presión crea aleaciones diferentes, como el oxígeno solido conforma materiales disímiles a nuestra agua, siendo una substancia amorfa y oscura. Explorado por la sonda GALILEO, le enviamos instrumentos científicos fabricados en titanio, los que descendieron con paracaídas a 106 millas/hora y fueron apachurrados por su gravedad a meros 95 millas de profundidad. Se encarga de limpiar el espacio de nuestro sistema solar al atraer con su enorme gravedad todo meteorito a su formidable alcance. Tiene 1.000 veces la masa de la tierra, con vientos de más de 500 millas / hora y enormes relámpagos de origen químico, originados en las continuas tormentas con enorme edad impredecible y espectacular condensación de diamantes que caen libres desde su atmósfera, simulando nuestro granizo, destinados a transformarse en liquido en su interior en una temperatura de 14.500°. Urano y Neptuno fueron lanzados por él a una distancia mayor a la del sol. Su tamaño es superado en otros sistemas solares en nuestra galaxia, en que se han encontrado planetas similares a los nuestros. Con 4 satélites gigantes y muchos pequeños en un total de 67, **ÍO** es relativamente pequeño, cubierto de volcanes, con cerca de 400 de ellos siendo activos, algunos arrojando roca derretida a media milla dentro del espacio es el cuerpo espacial más volcánico en nuestro sistema o puede estar derramando lava caliente sobre su superficie congelada, originando burbujas gigantes con energía muy superior a la presente en los polos terrestres; su cambiante distancia desde el gigante, el que influye y altera la gravedad y los enormes campos magnéticos 10.000 veces más intensos que los terrestres, está irradiándole letal energía desde su atmósfera, creando las tormentas extremas en la veloz, gran superficie, y las ubicuas enormes franjas que apreciamos a gran distancia, además las preciosa y enormes aureolas boreales agregadas a muchos otros fenómenos desconocidos. Por sus cualidades, esta luna tiene la mejor posibilidad de vida extra terrestre por nosotros conocida, pudiendo ser similar a la nuestra. **Europa** tiene el tamaño de nuestra luna y una superficie externa resquebraja, hecha de agua congelada, similar a la superficie oceánica polar terrestre extrema en invierno, reposando sobre una plataforma submarina similar a la terrestre, que le permite preservar su temperatura y posiblemente albergar vida; es un inmenso océano sobre toda su superficie lunar. **GANIMEDES** es la luna más grande en el sistema solar, mayor que el planeta Pluto. Las lunas de Júpiter semejan un sistema planetario dentro de nuestro sistema planetario. **La mancha roja** es un huracán con 3 veces el tamaño de nuestro planeta, activado por velocidad y temperatura durante 5 siglos, con enorme calor y movimiento de tormenta gigante, está localizado en su sur planetario. **Dos manchas amarillas**, torrenciales, fueron encontradas recientemente en su superficie, girando en relación circular próxima, la una alrededor de la otra, una con menor tamaño en proporción a la primera mencionada, se están gradualmente volviendo rojas. Muchos otros distantes planetas gigantes han sido identificados en distantes sistemas planetarios. El descubrimiento del nacimiento simultaneo de dos estrellas en otras galaxias, como parte de enormes condensaciones gaseosa con dos o más núcleos destinados a persistir, uno dominante y otro subsidiario, denominados PROTO ESTRELLAS, nos permiten pensar en la concepción simultanea de nuestro sol y júpiter, orbitando juntos como dos soles juveniles, el primario apoderándose del 99% del material combustible disponible, produciendo un ser incandescente y el segundo solo preservando los sobrados disponibles, imaginando dos gemelos desiguales, al comienzo de nuestro sistema solar.

SATURNO está dos veces más distante al sol que Júpiter, siendo muy grande puede contener 700 planetas tierra y tiene una densidad superficial muy baja, por estar formado de partículas minúsculas. Con un pasible centro rocoso, incandescente, pose un feroz clima; es el segundo planeta en tamaño en nuestro sistema solar, con volcanes helados lanza líquidos que semejan lluvia, posee intensa actividad en vientos tormentosos, con potencia solo superada por júpiter y con calor que no se origina en el sol, teniendo posible actividad telúrica, está formado de hielo y roca. Tiene 60 lunas, algunas de ellas con posibilidad de sostener vida. Sus **anillos** conforman el más grandioso espectáculo en nuestro sistema solar, están originados por continuo bombardeo interestelar, con meteoros capturados que emanan hielo, simulando granizo de diferente tamaño, desde diminuta arena hasta el tamaño de casas. Siendo formados por numerosas partículas de polvo cósmico húmedo con agua y su interacción entre el planeta y sus múltiples lunas, están perdiendo su brillo durante millones de años al danzar en forma dinámica, con continua destrucción y formación dentro de sus anillos. Para existir necesitan momento angular de movimiento, aunado a gravedad, canibalizando pedazos de sus lunas. A gran distancia del sol, es el segundo planeta gaseoso en nuestro sistema solar, con órbita rápida sobre sí mismo de más de 10 horas, con la que achata los polos. Tiene 31 satélites con suficiente tamaño para crear gravedad, siendo **Titán,** una luna con características similares a la nuestra en el planeta tierra, con las mayores dimensiones lunares en el sistema solar, aún mayor en tamaño al planeta mercurio; sin cráteres, con áreas de superficie plana, desecada, y montañas con desiertos escondidos bajo su atmosfera muy gruesa, tiene líquidos formando ríos y lagos, conformados por una mezcla de metano, etano y otros gases que desde su atmósfera se transforman en fluidos, también tiene posibilidades de contener vida. **La nave Cassini y las sondas Huygens,** fueron la misión de exploración interplanetaria constando de dos unidades rastreadoras, realizada por los Estados Unidos, Europa e Italia en 1.997 para estudiar el planeta Saturno y sus satélites naturales. Disparó rallos laser a la superficie planetaria, que al no penetrar la atmósfera para rebotar y ser capturados por nuestro investigador interplanetario no nos proveyeron con información visual, subsecuentemente una de nuestras sondas exploradoras robot atravesó los anillos tomando fotografías de la superficie planetaria y en dirección retrógrada desde el interior de los anillos, con el espacio interestelar en su porción posterior; encontrando que los niveles de hidrogeno descienden con la proximidad a la superficie lunar, como si algo viviente, metano dependiente, lo consumiera. La sonda fue sacrificada cuando la proximidad de la falta de combustible la iba a hacerla inútil. Poseemos topografías finales, en tiempo real, hasta cuando la sonda progresando en el interior de Titan fue incinerada entre 2.000 y 3.000° de temperatura, demostrando ser parecida a la superficie terrestre; tiene montañas, arena, desiertos, ríos, lagos y posee evidencia de metano líquido que posiblemente escapa al espacio durante el día y es reemplazado al brotar del interior lunar durante la noche, confirmando tener lagos congelados, mayormente limitados a los polos. Es una luna geológica activa o "viva". Por su gravedad y atmosfera benigna para humanos, puede llegar a ser una conveniente base terrestre. **ENSELADA** es otra luna de menor tamaño, con gruesa superficie de hielo y múltiples geiser o volcanes enormes que lanzan agua helada al espacio, retraída luego por gravedad. Por esta agua mesclada con amonio (¿producto de seres vivientes?) se considera posible la existencia de vida biológica en ella. Debiera ser sin vida geológica, pero por la gravedad de su gigante vecino no lo es, debido a grandes rajaduras en su superficie que producen energía con su movimiento líquido. También fue explorado por la sonda CASSINI, encontrando torrenciales vientos que en nuestro planeta son producidos por cambios de temperatura originados en nuestro sol, los que allá deben tener origen planetario debidos a la gran distancia del planeta Saturno a nuestro sol, mediante cambios de presión y temperatura interna.

HELION III es un gas muy escaso en nuestro planeta y luna, siendo muy abundante en la atmósfera superior de los planetas gaseosos, constituyendo una fuente enorme, casi inagotable de energía, capaz de reemplazar los presentes combustibles y tipos de energía. Con su simple fusión nuclear, sin polución o radiación nociva, puede dividir sus 3 protones y un neutrón en 2 núcleos. Al ser controlado este proceso, puede ser usado como un combustible futurista interplanetario, y motivación económica para la industria espacial de minería, liderada por la ciencia.

URANO es el cuarto planeta más grande en nuestro sistema solar, cuatro veces con el tamaño de la tierra, puede ser observado a simple vista en las noches tranquilas como una estrella. Similar a Neptuno, frecuentemente se hace referencia a ellos como los gigantes congelados. Posee una atmósfera blanda y pequeña de hidrógeno y helio, combinada con agua y metano. Tiene un sistema de nubes enormes, con diferente composición según su altitud en referencia a su superficie. Orbita en 84 años alrededor del sol, recibiendo energía solar menor al 1% de la aportada a nosotros. La simultanea periódica diferencia entre los dos polos indica un cambio de estaciones. Cada polo tiene veranos e inviernos (oscuridad) de 20 años. Su eje magnético no está alineado con el eje geométrido y su línea de rotación es más de 50°desalineado con su campo magnético. Sus anillos fueron descubiertos en 1.977. Tiene 27 lunas. Excepto las 5 mayores, solo tienen decenas de millas de diámetro. Con condiciones benignas para la permanencia prolongada de seres humanos allí, puede ser otra base para terrícolas, ofreciendo protección y supervivencia.

NEPTUNO es un gigante gaseoso con metano flotando bajo una atmosfera de hidrógeno y helio, el más denso de los planetas gigantes. Tiene un sistema de anillos menos numeroso e impresionante que los de Saturno, cada uno de ellos con características diferentes y definidas. Su formación se discute entre un proceso de agregada materia para organizar su núcleo, realizado cerca del sol mediante gravedad, donde el material de construcción planetaria fue abundante y luego experimentó posterior migración a su posición actual; o posible material agrupado por velocidad, previamente girando en un disco gigante, activado por energía orbital; perdió posteriormente su gigante atmósfera en un cataclismo espacial. Siendo uno de los lugares más fríos en nuestro sistema solar, su nitrógeno está congelado en la superficie, con masa y apariencia similar a Urano, es brillante. Tiene 5 anillos y 13 lunas, con un casi uniforme color azul pálido planetario, posee una mancha oscura gigante con enormes líneas móviles blancas colocadas en su hemisferio sur, indicando una permanente área de huracán. Tiene una atmosfera activa con vientos torrenciales. Fue encontrado por deducción matemática y no por observación directa. Al ser explorado por Voyager II, se encontró proyectando material líquido, como en muchos enormes géiseres. Por su grado de congelación extrema, su agua es más sólida que nuestras rocas. Hace billones de años cambió de orbita con Urano.

PLUTÓN está a 4 horas luz de distancia de la tierra, 2.5 billones de millas del sol, lo vemos donde estuvo hace 4 horas. Lo conocemos a través del telescopio espacial Hubble, y un viaje de 9 años de la sonda espacial Voyager, que pasó en su proximidad en 2015. Es un planeta geológicamente vivo, multifacético, con enormes montañas y depresiones centrales simulando imposibles volcanes, algunos de ellos brotan gentiles a la superficie formando planicies resientes, a manera de glaciares líquidos y no de lava fundida. Por ser un cuerpo celeste pequeño, distantes al sol y resiente en su creación, estando conformado de entidades desconocidas, no siendo estas de lava, sino material fluido, muy frio. Rota alrededor del sol en 248 años, usando una forma elíptica con diferentes enormes distancias, induciendo desemejantes intensidades de bajas y extremas temperaturas. Mucho más pequeño que nuestra luna, recibe el título dudoso de planeta, el más distante a nuestro sol. Fue descubierto en 1.930 y se especula está sobre un océano interior, con posibles moléculas orgánicas. Es una roca cubierta de nitrógeno congelado, sin cráteres creados por meteoritos, y material metálico disimilar a nieve que desciende a su superficie desde su atmósfera. Con complejidad inesperada y en su vecindario, tiene 11 enormes meteoros helados. Con atmósfera y agua tiene color azul y limitada luz. Áreas planas, geológicamente recientes, muy diferentes al resto del planeta, son formadas de un material fluyendo, posiblemente hirviendo a temperaturas muy bajas, no volcánico, porque estos forman ausentes montañas. Su hielo necesita una temperatura muy bala para derretirse y brotar del interior a la superficie. El líquido en su superficie deduce ríos o mares de nitrógeno. Pluto tiene 5 "lunas", 4 de ellas con pequeño tamaño similar, con velocidades asombrosas y dirección caótica de rotación orbital, no sobre un eje. Encontradas recientemente, a su alrededor hay **DECENAS DE MILES DE MUNDOS CONGELADOS,** en múltiples tamaños, orbitando a colosales distancias, uno de ellos es **Caronte** una luna de mayor tamaño, con unas grietas que casi la dividen, creada por agua interior que escapa al espacio y agregado material con color, concluido orgánico.

SURA: En 2.011 Voyager tomó fotos de este distante, supuesto planeta inerte, encontrando un cráter conteniendo líquido.

PLANETA 9 es una condición para estabilizar nuestro sistema solar. Su presencia está indicada matemáticamente y su realidad por la evaluación experimental de computadoras, siendo posible ser o fue un planeta errante, pasando en nuestra proximidad, y capturado, el más distante de todos, si existe. Es lógico que tenga una atmósfera transparente de hidrógeno y litio, muy frio, localizado a una enorme distancia del sol, con una órbita increíblemente grande e irregular. Su realidad puede ser evidente mediante su observación física, pero nunca ha sido observado. Se presume este planeta tiene el tamaño de 3 a 10 planetas tierra, pero su enorme distancia orbital, periférica al sol, lo ha camuflado, pudiendo ser sólido o gaseoso.

La antigua presunción histórica de un planeta más cerca al sol que mercurio ha sido descartada. Se especula la existencia de un muy distante SEGUNDO SOL en nuestro sistema, llamado NÉMESIS que con su presencia cada 26 millones de años, disturba los distantes cuerpos congelados de nuestro sistema planetario enviándonos cometas, siendo periódicamente mucho más numerosos que los lógicamente calculados. Las estrellas binarias o terciarias en un sistema, son frecuentes en el universo. Por no ser evidente, este segundo sol se presume, ser una estrella enana o carmelita, que falló en su proceso de ignición por tener gases energéticos limitados, produciendo reducida gravedad.

La órbita de los cometas (el clan en órbita) son trillones de COMETAS con agua, congelados, más allá de Pluto, muy fríos, algunos con posible tamaño de planetas; bajo la gravedad del sol están orientados como una capa exterior suelta de nuestro sistema planetario, con gran distancia entre ellos y diferentes tamaños, tan distantes de nosotros que no podemos identificarlos con nuestra presente tecnología.

LAS LUNAS constituyen el muestrario de como el universo funciona, donde casi todo cuerpo espacial rota alrededor de otro. Por sus características se clasifican en inermes, como la nuestra lo es en moderación, o activas con mares, explosiones, volcanes y cambios físicos en su superficie. Geológicamente son vivas o muertas por tener o no actividad energética y térmica. Son satélites naturales, estables, de considerable tamaño, orbitando alrededor de un planeta. En nuestro sistema solar son cerca de 160, simulando ser partes de sistemas planetarios pequeños. Júpiter tiene 63 y Saturno 60, siendo consideradas nuevos mundos diferentes. La de mayor tamaño es **GALILEO,** rotando alrededor de Júpiter, fue primero observada con su telescopio por Galileo Galilei. Otra es la luna **ÍO** con las características volcánicas más abundantes que las de nuestro planeta tierra, creadas por fricción originada por gravedad (simula un cable doblado en continua fricción); con erupción continua de sulfuros, siendo **PELE** un volcán de gran tamaño, arroja lava sulfúrica en enormes explosiones, irrumpiendo en el espacio al no tener atmósfera y poca gravedad que preserve su integridad. Júpiter le envía continuamente rocas a su órbita cercana, calentándola y por poder gravitacional, es el cuerpo celeste más volcánico de nuestro sistema, sin posibilidad de vida. **TAIO** simula enormes geiseres de líquido, emitidos a 300 millas en el espacio, su material regresa por gravedad. **EUROPA** está cubierta de agua con superficie irregular y gruesa hecha de hielo perenne, también afectada por la gravedad del gigante debajo de su superficie líquida existe un mundo submarino sobre su base sólida, que deja escapar calor por cráteres y cañones, con montañas enormes y océanos con 60 millas de profundidad; por estar aislada del espacio por su capa de hielo exterior, tiene temperatura con posibilidades de vida como la conocemos. SATURNO tiene anillos brillantes con lunas, meteoros y agua helada. Los anillos son fragmentados por choques entre sí. MARTE tiene 2 lunas: **FOBUS Y DINUS.**

A mayor distancia de Júpiter el frío hace imposible la vida como la conocemos, pero el calentamiento local por volcanes y otros posibles sistemas crea posibilidades.

UN COMETA es una masa de hielo, gas y roca orbitando alrededor del sol. **Coma** es su masa de gas alrededor de la cabeza o núcleo central sólido, que se extiende siguiéndolo por millones de kilómetros como una enorme cola. Nos visitan periódicamente indicándonos con su tamaño y tardanza la distancia de la que provienen, incluyendo el **cinturón de asteroides** y la **órbita de los cometas o clan orbital** en la porción distante de nuestro sistema solar, donde se calculan trillones de masas con tamaño significativo cercanas al espacio interestelar, arrojados muy lejos de nuestro sol donde permanecen orbitando permanentemente. Son los cuerpos sin modificación, los más antiguos del sistema solar, con gran tamaño (millas) originados a las mayores distancias del sol. Son de 2 tipos, termino corto provenientes del cinturón de asteroides alrededor del planeta marte y los llamados de termino prolongado con origen indeterminado en la órbita o clan de los cometas localizado en el área exterior a Pluto, como el que extinguió la vida en nuestro planeta incluyendo a los dinosaurios hace 65 millones de años, y en otras 5 ocasiones conocidas. Son considerado ser pedazos de planetas nunca agregados para realizar una formación completa, siendo esparcidos por acción gravitacional desde los planetas más distantes, son en el presente porciones de lo que nuestro sistema planetario fue en un distante pasado. Orbitan alrededor del sol y los planetas, siendo algunas veces lanzados al espacio como parte de la distante denominada orbita nubosa, distorsionados por el proceso llamado némesis. Los helados cometas se calientan en la proximidad del sol y su agua evaporada desaparece difusa en el espacio. Algunos cometas dejan un sistema estelar e invaden otro, interactuando en diferentes porciones de una galaxia.

METEOROS y METEORITOS o estrellas fugases, los últimos son fragmentos de cometas o asteroides frecuentemente del tamaño de un grano de arena que se queman con un destello luminoso al entrar en nuestra atmosfera.

Los METEOROS son de mayor tamaño, no se queman completamente y pueden chocan en nuestra superficie; son ORIGINADOS en una capa ENTRE MARTE Y JÚPITER designada cinturón de meteoritos.

LAS ESTRELLAS son enormes esferas de gas ionizado, nacen en grupos similares con color similar, por compartir parecidos niveles de energía evidenciando su misma edad e intensidad energética; al vivir más rápidamente las estrellas azules mueren primero a temprana edad y luego las amarillas, siendo las rojas las de vivir más duradera, liberando con más rapidez mayor cantidad de energía. La velocidad aumentada de la estrella en el espacio determina su mayor peligrosidad al modificar el equilibrio planetario, existiendo más frecuentemente en el centro de las galaxias. La vida de las estrellas no es unidireccional a la muerte al perder masa y energía, siendo posible puedan ser regeneradas al obtener energía de estrella en parejas y con proximidad, que explotan al final con terminal violencia. Con inmensas presiones centrales debidas a su peso periférico, son neutralizadas con continuas explosiones nucleares tipo fusión, en su profundo interior. Las primeas formadas fueron de tamaño enorme, asombroso, reduciéndose en tamaño en su descendencia. Nuestro universo vive la era de las estrellas. Nacen en grupos de gases espaciales formados de partículas nucleares o manchas nebulosas, que aumenta su densidad progresiva, destinándolas a explotar, persistir y luego a morir. Se clasifican por tamaño (gigantes, pequeñas, enanas), por su actividad como vivas o muertas, y por su nivel de temperatura como las carmelitas por su limitado nivel de energía. Las rojas son muy calientes, las azules son relativamente frías y las amarillas, como nuestro sol, tienen calor intermedio. Como todo ser creado son temporales, destruyéndose a sí mismas desde su núcleo, al consumir el combustible que les provee energía. Al envejecer durante billones de años reducen su energía emitida, consumiendo su combustible de hidrogeno que, siendo ahora el más común elemento, por ser finito en su cantidad, en trillones de años, su falta inducirá la desaparición de las estrellas. Transforman su materia atómica con sus explosiones, desde hidrógeno a helio, y en algunos de los otros elementos conocidos. La creciente proporción de hierro inicia su proceso de destrucción, expandiendo sus capas exteriores de energía en forma enorme hasta desintegrarlas en su explosión terminal durante el final proceso de morir, incinerando todo lo que existe en su área de influencia, transformándose entonces de acuerdo con su masa relativamente moderada en un enano blanco con densidad material increíble, formando un centro inmenso de carcón puro, denominado diamante, o una estrella energética de neutrones. Algunas estrellas pueden girar alrededor de otras estrellas, y frecuentemente tienen un grupo de planetas cautivos. Las estrellas más próximas a nosotros, a más de 4 años luz, están en el sistema Alfa Centauro, tienen gran semejanza a nuestro sol y sistema, rotando sobre si mismas a velocidades fantásticas. Próxima, en alfa centauro es un sistema de 3 soles rotando entre sí, con posible vida, no necesariamente similar al tipo nuestro; por ser análogas y próximas, son actualmente seleccionadas para nuestros viajes interestelares iniciales. La estrella A es la de mayor tamaño, la estrella B tiene la menor velocidad y la estrella C es la de menor tamaño; con planetas y posibles lunas habitables, necesariamente deben tener formaciones rocosas y líquidos para ser compatibles con nuestro tipo de vida. LAS ESTRELLAS ASESINAS o super luminosas super novas, se exploran desde un pequeño telescopio en Chile, donde se buscan enormes destellos de luz evidentes en gran parte del universo marcando las supernovas, pero muchas de ellas están a distancias increíbles siendo de inmenso tamaño inesperado, destellando la energía producida en billones de años por millones de estrellas en explosivos pequeños periodos de tiempo, al destruir millones de estrellas simultáneamente, con inimaginables cantidades de energía almacenada en inmensa cantidad de luz, en forma de fotones increíblemente concentrados, destruyendo todo lo existente a distancias de cientos de años luz. Son gigantes azules, con velocidades pasmosas, productores de estrellas tipo neutrón, que viven con rapidez en tiempo corto, al consumir rápidamente su energía, produciendo miríadas de energía llamándose **magnetones,** siendo muy raras. Las estrellas rojas gigantes son enormes y nunca hemos presenciado su muerte en nuestra galaxia, considerando que parpadean tranquilamente en su proceso de desaparecer, siendo eficientes asesinos con muy baja temperatura llamadas **no nova**, o al transformarse en agujeros negros sin permitir el escape de fotones, al destruir planetas existentes a distancia prudente, sin ser absorbidos.

LAS SUPERNOVAS con masiva explosión, producen miríadas de irradiación gama; son la muerte instantánea de las estrellas gigantes destruyendo lo existente en posibles 30 años luz a su alrededor, constituyendo el espectáculo más asombroso en el espacio, siendo frecuentes por su magnitud visibles a través de gran parte del universo. Las estrellas menores (nuestro sol) son pequeñas en tamaño y con producción limitada de energía explosiva, no pueden producir súper novas; al morir explotando se transforman en esculturas de luz y gas ionizado llamadas nebulosas planetarias. En una minúscula fracción de segundo liberan energía equivalente a la producida por ellas durante billones de años. Las similares a nuestro sol se expanden en el universo y causan total destrucción regional, pero también crean materia y originan estrellas hijas disimilares, siendo real que para evitar su destrucción en progreso absorben la energía de estrellas menores cercanas actuando como vampiros.

NEMESIS es una posible estrella tipo enana y carmelita, un híbrido entre planeta y estrella que se calentó con moderación y nunca entró en ignición, o está en proceso de desaparecer. En nuestro sistema planetario se supone ser compañera de nuestro sol, con poca energía y enorme distante órbita, mínima luz y solo visible por su luz infrarroja capaz de evidenciar su tipo de energía, que se nos aproxima cada 26 millones de años. Matemáticamente comprobado y nunca observado, con su proximidad desordena y desplaza asteroides.

PULSARES son entidades luminosas provenientes de estrellas enormes, inmensamente energéticas, nacidas de supernovas en el proceso de muerte de estrellas azules, son como faros espaciales luminosos, con gravedad millones de veces mayor a la de nuestro sol, y nombres como la viuda negra, que es capaz de destruir muchas estrellas y evapora todos sus planetas. En la vía láctea se han identificado dos pulsares orbitando el uno al alrededor del otro, en un distante futuro se juntarán ocasionando una fantástica explosión, liberando enorme cantidad de energía. Estas violentas estrellas rotan en proximidad sobre si mismas con velocidades increíbles, siendo muy ricas en carbono producido en su proceso de formación.

QUIZARS son comunes en el universo temprano, siendo explosiones con enorme tamaño capaz de influenciar galaxias, originados en la muerte de estrellas enormes que han consumido todo su combustible; producen masiva luz (energía de fotones) instantánea, similar a la producida por ellas durante billones de años de existencia y creando gravedad masiva, capaces de originar otras estrellas o agujeros negros. Son observados con frecuencia anual, actuando como cósmicos controladores. Nuestra galaxia nació relativamente pequeña y está creciendo.

LOS VIAJES INTERESTELARES serán una necesidad cuando un esperado, ahora distante en tiempo y espacio, evento espacial amenace con la destrucción de nuestro planeta y así de nuestra especia, creando a nuestra civilización la necesidad de existir en una sola raza en proceso de aunarnos, en más de un planeta, para poder sobrevivir. Imaginación y fantasía basada en deducciones científicas tempranas preceden la realidad, como el viaje a la luna de Julio Verne. El mayor obstáculo a ser superado es la persistencia, protección e integridad física y mental de los viajeros humanos, demandando difícil adaptación sicológica. Múltiples objetos materiales de diferentes tamaños deambulan en el espacio a enormes velocidades, especialmente alrededor de nuestro planeta. Los del tamaño superior a una pelota de futbol pueden ser detectados y evitados mediante el uso de computadoras, los diminutos son mucho más frecuentes e indetectables por su enorme velocidad; con su impacto aún mínimo, hacen explotar la gravedad artificial interior de nuestros medios ecológicos artificiales, destruidos instantáneamente en el espacio sin gravedad. La gravedad cero induce deterioro de 2% de la masa ósea cada mes y demanda ejercicio para prevenir el mismo proceso en los músculos. La gravedad artificial y el ejercicio físico basado en fuerza circular activa transformada en movimiento, preserva el estado físico de individuos, huesos y músculos. La radiación letal de diferentes tipos, no puede ser detenida con corazas de metales, pero sí con agua, que ensamblada o descompuesta nos puede proveer con hidrógeno y oxígeno, necesitando ser transportada, recolectada o producida durante los viajeros interestelares. La temperatura constante y la atmósfera compatible con nuestro sistema de vida es una temprana realidad. El reparar el DNA es una actividad actual real, en forma natural en seres vivos diminutos, acuáticos, de los que podemos aprender. La vida humana suspendida o el inanimado metabolismo se realiza ahora en los campos quirúrgicos. No necesariamente deben viajar seres adultos, es posible enviar organismos clonados, huevos fértiles o embriones. El invernar de los mamíferos como los osos y la congelación de los sapos árticos, quienes poseen un anticongelante natural basado en glucosa, capaz de impide la letal cristalización celular conllevando daño permanente, todo esto está ahora en estudio fisiológico. La adaptación inmediata de seres vivientes en la superficie marina a instantáneos cambiantes de presiones altas y temperaturas bajas extremas en su viaje a la profundidad de nuestros océanos, y su retorno en proceso opuesto, necesitan ser entendidas e imitadas. Cambios en nuestro cuerpo y metabolismo nos pueden adaptar a medios diferentes, mediante evolución o modificación. El incremento de la velocidad o el reducir el tiempo de viaje, reduce el daño o deterioro y esfuerzo físico. El tipo de combustible comprimido al aumentar la velocidad y el campo utilizable, puede reducir la masa a ser transportada. Novedosas fuentes de energías como la fusión nuclear controlada del abundante Hidrógeno existente en el espacio, pueden ser utilizado como combustible; la barata y simple energía de microondas producida por electricidad al salir a través de un orificio pequeño, puede incrementar a progresiva y fantástica la velocidad; vientos solares actuando en el espacio en forma similar a los barcos de vela en nuestros mares son pocas de las muchas posibles soluciones a ser convertidas en realidad. Vida artificial como robots y energía actuando sobre vida en suspenso, pueden ser utilizadas como custodios y nodrizas a ser transformados en educadores de cómo ser humanos. El turismo espacial será una realidad. En forma natural, el espacio puede ser arrugado al comprimir la materia como sucede en los agujeros negros, o como recogiendo el espacio solamente alrededor del frente de nuestra nave permitiéndonos avanzad grandes distancias al cruzar áreas diminutas. Todas las implicaciones son extremas y futuristas.

LOS AGUJEROS NEGROS son billones de enormes entidades espaciales llenos con enormes múltiples tipos de energía, que poseen fuerza de gravedad central trillones de veces superior a la nuestra, centrada en su inmaterial interior, que atraen todo lo que está al alcance de su enorme proximidad. La maza acaba colapsada en tamaños diminutos, siendo estabilizados por su energía negativa. Invisibles a los telescopios de luz, son un desastre organizado, diferente, épico, conectan distantes sectores del espacio afectando todo nuestro universo, siendo la posible puerta de entrada a otras dimensiones o universos. Tienen las múltiples funciones de crear y destruir en formas que confrontan la lógica. Glotones destinados a devorar estrellas y planetas, cuando lo hacen en exceso regurgitan su alimento estelar en forma de enorme energía con forma tubular, construidos de rayos gama. Primero a distancia arrancan y adsorben las atmósferas y luego en proximidad engullen los planetas, no siendo las estrellas y sus sistemas una excepción. Están caracterizados por ilimitada densidad, creada por gravedad preservada y agregada al ser extraída de las estrellas y astros asimilados durante los billones de años de su existencia, y la masa desaparecida físicamente de planetas, al ser constreñida en un espacio reducido al desaparecer el espacio interatómico, llegando a ser similar al tamaño de una pelota de futbol. Son múltiples en las galaxias, posiblemente hay un millón de ellos en la vía láctea, y parece haber uno gigante, central en cada galaxia, el nuestro denominado **sagitario**. Los muchos periféricos tienen docenas de veces el tamaño de nuestro sol y los centrales son millones de veces mayores. Se han observado dos de ellos orbitando en una danza final. Nacen en las espectaculares explosiones de las SUPERNOVAS, en las que perecen las estrellas gigantes que son las más antiguas, dejando como huellas el enorme relampaguear de los rayos gama, siendo una entidad extrema en la formación de nuestro maravilloso universo. En ellos, el tiempo y el espacio se entorchan como en un tornado, siendo deformados en curvaturas extremas, no entendidas, donde el tiempo se dirige hacia el futuro y las fibras del espacio son modificadas, posiblemente en otra energía o dimensión, siendo un posible camino entre extremos del universo. Nada puede escapar de esta entidad central al proceso de evolución del universo, en su enorme capacidad, lo creado no tiene similitud a lo ingerido. Crean a su alrededor órbitas circulares con velocidad impresionante, única en dirección y corpulencia para cada una de las estrellas o planetas controlados, algunas entidades dominadas sobre viven orbitando durante enormes períodos de tiempo, siendo finalmente destrozados y rechazados creando entidades, o ingeridos desaparecen, cuando muchas entidades o sus segmentos son introducidos o engullidos. La velocidad de la luz, que es no cambiante según Einstein, es acelerada al ser atraída a su centro y lo único que persiste de la destruida estrella es su enorme gravedad aumentada, al ser introducida y agregada en un punto central con súper energía, seducida en su campo gravitacional, enorme y sin masa, no explicado y llamado **singularidad**, donde las leyes de física conocidas no aplican y el tiempo enmarañado al espacio y el movimiento no pueden continuar. Siendo invisibles tienen un disco energético, luminoso en forma de anillo plano, brotando desde su porción media, donde la materia atrapada persiste en orbitas temporales de tracción confrontadas a la energía centrífuga, igualando con su velocidad la gravedad existente, impidiendo temporalmente ser absorbidas. Son devoradores de estrellas, sistemas planetarios y materia, los que con su inmensa gravedad puede alcanzar y controlar, modificando sus órbitas e incrementando su velocidad a niveles fantásticos; producen la energía en los rayos gama. Su agrupación en el centro de las galaxias es evidenciada por estrellas amontonadas, moviéndose desordenadas con velocidades increíbles, consideradas imposibles. En los agujeros negros, las leyes físicas que conocemos son modificadas como consecuencia de estar formados por elementos desconocidos. Allí, las estrellas atraídas con velocidad progresiva son apachurradas y compactadas, reduciendo en su interior el espacio entre sus partículas atómicas, aumentando con esta proximidad la densidad de sus átomos, siendo reducidas a un tamaño mínimo compacto, que no puede ser disminuido por haber sido aumentada su densidad en forma total, preservando su gravedad y desapareciendo la masa absorbida, dejan solo una energía luminosa residual en forma de un enorme haz de rayos gama, que se puede ver, tubular, periódico, central y perpendicular a su centro. Son una máquina de tiempo, un museo, un creador y destructor sin entenderse que hay en su interior o si existe un lado posterior, como y donde. Clasificados por su tamaño, los menores pueden ser comunes. Los SUPER AGUJEROS NEGROS son evidentes por su enorme tamaño y energía en proporción a los anteriores, desafiando explicación lógica, con posición central en las galaxias, son titanes en su tipo. Los más exóticos y menos frecuentes son los de TAMAÑO INTERMEDIO, no entendemos su origen al no existir suficiente tiempo desde la creación del universo para haber crecido desde un tamaño pequeño a su estado actual.

NEUTRINOS son partículas subatómicas sin carga energética y mínima masa, procedentes del espacio exterior. Siendo casi invisibles, para ser evidentes demandan el uso de enormes telescopios dirigidos al fondo del mar, son capases de atravesar nuestro planeta solo revelándose como una chispa diminuta de luz a 25 millas de profundidad de los océanos, manifestando sus huellas en los ocasionales choques entre sí y de su pasado inter estelar, nos revelan información del universo.

RAYOS GAMA son invisibles, en difusos grupos lineales o individuales, desordenados con alta energía similar a fotones teniendo 40.000 veces la energía visible, originados en los agujeros negros, que en masivas agrupaciones se transforman visibles.

ULTRAVIOLETA es una banda de energía en el espectro electromagnético, localizada entre la porción visible y los rayos X.

BINARIAS son dos estrellas orbitando en un área común. Son muy comunes en la VIA LACTEA.

LAS ESTRELLAS DOBLES gravitan, una alrededor de la otra, siendo físicamente diferentes y próximas. Las estrellas de gran tamaño terminan en explosiones gigantes originadas en ellas mismas, llamadas súper novas. Su tamaño puede ser muchas veces mayor o menor que el de nuestro sol, considerado pequeño.

La mayoría de la energía del universo no está asociada a estrellas y planetas sino en relación libre al espacio mismo, denominada **LAMBDA** y siendo constante.

Saturno V es un vehículo espacial de 3 etapas usado en el PRIMER viaje a la luna, transportando humanos.

APOLO 12 hizo el segundo viaje con humanos a la luna en 1.969.

LOS OBSERVATORIOS ASTRONOMICOS se colocan en cielos límpidos, a gran altura para reducir la interferencia atmosférica, trabajan en las noches y se basan en espejos cóncavos perfectos, con hasta 10 metros de diámetro, colectando y aproximando ondas visuales y de otros tipos, están compuestos de segmentos que contrarrestan los efectos distorsionantes de la atmósfera mediante muchos platos radiales. Mediante una serie de interferómetros colectan diferentes tipos de ondas energéticas.

EN EL ESPACIO, EL TELELESCOPIO HUBBLE (con el nombre del astrónomo americano que descubrió la expansión del universo) fue colocado en órbita a 600 kilómetros de altura en 1.990 y posteriormente fue reparado en el espacio su espejo defectuoso; nos proporcionó los mayores avances recientes de la astronomía.

KEPLER es un enorme telescopio satélite artificial colocado en el espacio, orbitando al rededor del sol, dedicado a explorar nuestros planetas extrasolares pequeños, similares a nuestro planeta tierra, existiendo en proximidad reducida a nuestra estrella, en nuestra área denominada **ZONAS HABITABLE**, la que, por su distancia a la estrella central, luz y temperatura persistente con moderación, al estar formados de materiales similares a los nuestros tienen mayores posibilidades de poseer vida similar a la terrestre. Algunas estrellas tienen una zona similar.

RADIO, INFRARED, ULTRAVIOLETA, RAYOS X, SON DIFERENTES **tipos de energía** utilizados como TECNICA de estudio astronómico.

MÚLTIPLES **ROBOTS** ACTUANDO EN SUPERFICIE Y GASES SE HAN ENVIADO a los cuerpos celestes para obtener información astronómica en distantes lugares específicos, dentro del sistema solar, ahora avanzando progresivos en el espacio interestelar. EXPLORES fueron sondas exploradoras en planetas próximos al sol.

Los primeros viajeros espaciales vivos fueron rusos: la perrita **LAICA**, y luego el astronauta JURY **GAGARIN**, quien retornó vivo.

El **SHUTLE COLUMBIA** explotó en 2.002, en su intento de ir a la luna perecieron todos sus tripulantes. Muchos desastres similares son parte secreta del sistema espacial ruso.

Voyager I y II son las dos sondas espaciales gemelas dirigidas a los planetas distantes al sol y al cinturón de Kuiper alrededor de nuestro sol, enviadas desde Cabo Cañaveral en 1.977, han viajado más lejos en el espacio exterior que cualquier otro instrumento humano y nos han proveído con nuestros más avanzados conocimientos científicos de esa área. Son impulsadas por energía similar a la proveída por la honda con la que David mató a Goliat, mediante un alineamiento infrecuente de esos planetas. Con un peso de 800 libras y 11 brazos extensibles, todos fueron condensados en el interior de un cohete. Con matemática científica se seleccionó tiempo y dirección. Contienen información acerca de nuestra especie incluyendo un disco con la mejor música y lenguas de diferentes civilizaciones humanas, denotando nuestra multiplicidad. Persisten enviándonos información cósmica por 35 años, viajando a 56.000 kilómetro/hora, ahora una de ellas entrándose a el espacio interestelar; en 80.000 años terrestres llegará a las estrellas próximas en Alfa Centauro. Costó de 2 unidades semejantes e independientes, proveyéndonos con más información astronómica que la obtenida previamente durante todo el tiempo de la humanidad. Debido a la mencionada posición de los planetas mayores, fueron impulsadas por la gravedad en las órbitas de estos, visitando la proximidad de Júpiter y Saturno mediante un año de viaje. Cerca de la luna TITAN, al incluir la asistente presencia de la gravedad, en un proceso comandado por la NASA se desvió una de las sondas con exclusividad a esta luna; no pudiendo penetrar su densa capa gaseosa constituyó una falla total, temporal. La segunda sonda tubo desajustes en la plataforma fotográfica, siendo reparadas por la NASA. Pasó a 1 millón de millas de Urano enviando información muy importante. En Neptuno y Pluto el éxito se repitió. Luego de 13 años de viaje, las fotografías en reversa de nuestro sistema planetario fueron tomadas por la segunda sonda.

Cooper es uno de los primeros telescopios conformando un observatorio espacial en órbita, evitando las distorsiones de la atmósfera.

Los telescopios muy grandes o VLT están actualmente compuestos por 4 unidades enormes, similares e independientes, trabajando en sincronismo; siendo los más avanzados, han sido construidos muy altos en las montañas de desiertos (Atacama en Chile es el área más seca en nuestro planeta), así seleccionando una atmósfera límpida, fueron creados específicamente para estudiar los agujeros negros gigantes en el centro de las galaxias. Para aumentar su nitidez, las fotografías son en blanco y negro, agregando posteriormente el color, siendo también posible visualizar otros tipos de energía, haciendo visible lo invisible. La energía ultravioleta capaz de evitar la obstrucción de las nebulosas donde las estrellas nacen y mueren, nunca arriba a nuestra superficie, para ser capturada demanda telescopios de 17 toneladas de peso, localizados en enormes aeroplanos como **SOFIA**, cruzando en la alta estratosfera donde ese tipo de energía puede hacerse evidente, a 6 millas de altura, evitando el 99% de nuestra deformadora atmósfera y contrarrestando con su vuelo el movimiento terrestre al permanecer en la misma posición de observación de un específico cuerpo celeste. La **energía infra milimétrica** es menos penetrante que la energía infrarroja, requirió para su estudio el crear en el desierto de Atacama, a alturas donde el oxígeno está enrarecido, induciendo enfermedad de las alturas e impidiendo pensar en forma clara, haciendo necesario el suministro de oxígeno adicional a los astrónomos, cuando usan 66 antena enormes, conectadas como una sola, llamadas **ALMA,** proporcionándonos una visión fantástica del universo e inesperados conocimientos adicionales.

La asocian de energía visual, rayos X, luz ultravioleta e infrarroja evidencia un amplio espectro visual.

LAS ORBITAS son movimientos semi circulares establecido y no caótico de los cuerpos celestes alrededor de uno, dos o más centros con base en gravedad y movimiento espacial; son básicas para mantener la configuración del universo, teniendo frecuentemente una forma elíptica, son el resultado de la gravedad y el movimiento, de tipo estable o inestable en proporción inversa al número de cuerpos celestes involucrados y sus distancias, permitiendo en algunos planetas, con su permanencia sin cambio, tiempo suficiente para el desarrollo y la evolución de vida hasta niveles inteligentes. Las de tipo circular alrededor de su estrella próxima, tienen estabilidad en la temperatura del planeta y las de tipo elíptico exagerado poseen extremos de calor y frio, simulando invierno y verano exagerados, no lógicos para el desarrollo y la preservación de la vida. Algunas de ellas incluyen más de una estrella y son tan extrañas, haciéndolas no familiares a nosotros; existiendo frecuentes planetas sin estrella madres, sin necesidad de órbitas. Su distancia a la estrella central influye su velocidad en proporción indirecta. La dirección de movimiento puede ser en una dirección, pudiendo ser transformada en opuesta por influencia externa en un cataclismo, al cambiar y alterar su sentido y forma. Son conclusiones de los muchos factores invisibles que afectan sus realidades físicas, sin destruir la armonía del espacio y la existencia de sus componentes. Su evidente influencia en los cuerpos espaciales no es controversial.

El RADIO ESPACIAL es el sonido de radiaciones originadas en el espacio, se puede escuchar en nuestros radios a 408 mili Hertz.

LAS GALAXIAS son consideradas las unidades del universo, que es increíblemente violento. Son inmensos grupos de estrellas con posible gran número planetas a proximidad de enormes distancias, cada una de ellas necesitan miles de millones años luz para ser recorrida. Son agrupadas y modificadas en gran parte por la fuerza de la gravedad. Las más antiguas fueron creadas hace 12 billones de años, las vemos cómo era su energía visual en ese entonces, luego de ese tiempo de viaje, desde de su lugar de creación hasta nuestra presente localización. Para ver las anteriores o más antiguas galaxias necesitamos mejores instrumentos. Cada una contiene conglomerados de billones de estrellas con múltiples planetas, en formas características, diferentes, persistentes. Con sus múltiples agujeros negros periféricos y uno central gigante están consumiendo y creando cuerpos espaciales enormes, producen torrentes de energía capaces de originar otras estrellas. No tenemos conocimiento claro de cómo fueron creadas en el comienzo del universo. Nacen en las nébulas. Son de dos tipos: E (elípticas) que son las de más tamaño, con dimensiones transversales de 100.000 millones de años luz, siendo las más comunes, y D (discos), con más conglomerados en forma plana. Cada galaxia puede tener 200 billones de estrellas y un número similar de galaxias se cree existen en el universo. Muchas estrellas se suponen ser un centro planetario. Por su difícil contar con números, es necesario catalogarlas por formas y otras características diferentes, con nombres como mariposa, anillo, rosa, con parte central infra roja, espiral, girasol, burbuja, brotando burbuja, corazón, cangrejo, aurea, cristal, carina, omega centauro, omega… contienen nébulas con numérica clasificación, combinación de números y letras. El centro de nuestra galaxia es la porción más violenta, impidiendo vida como la conocemos por la destrucción temprana de sus elementos. Estamos colocados a una tercera parte del borde, en la rama de un área tranquila, de reciente destrucción y nueva reconstrucción, prometiéndonos permanencia. Por su inmensidad y diferencia podemos esperar en ellas lo inesperado.

Olas de choque espaciales son enormes fuerzas creadas mediante tormentas enormes de campos magnéticos, como los producidos por las supernovas.

LA VIDA existente en nuestro planeta dura solo un momento en el tiempo cósmico, con permanente básica necesidad de evolucionar. Aún en sus actuales diferentes límites, tiene una sola fuente y muchas características, siendo victoriosa al ser sostenida mediante múltiples adaptaciones a nuestro cambiante medio ambiente. La presente tradicional vida está basada en el ciclo de creps, organizada en la adaptada simbiosis de plantas y animales, al alternado reciclaje de nuestra atmósfera, proveyendo las necesidades respiratorias de los más comunes y diferentes seres vivos, en continua evolución desde virus y bacterias hasta los actuales bípedos pensantes. Los productos vivos de ecologías diferentes son metabolismos distintos, disimilares y persistentes, como el **ciclo de azufre** capaz de sostener vida alrededor de volcanes sobreviviendo en el más profundo fondo de nuestros océanos, medio en activa desaparición que sabemos fue preponderante, previo hace billones de años en nuestro planeta incandescente y ahora está esfumándose al ser modificado y reemplazado en nuestro presente, estando acorralado en los vestigios de su medio en destrucción evolutiva. Ese mundo fue reemplazado por nuestro dominante sistema, ahora también en riesgo reciente de ser rápidamente eliminado por los cambios comandados por la actual polución, el que constituyó eficiente adaptación cambiante a nuestro mundo volcánico previo. Disimilitudes a nuestro mundo son lógicas en esta enorme, múltiple y maravillosa creación. El agua es indispensable para la vida del tipo que disfrutamos. La vida se inició en nuestro planeta en una mescla semi líquida de agua, hidrógeno y carbohidratos que aunados a energía originaron aminoácidos y se unieron sobre rocas húmedas originando élites de DNA con capacidad reproductiva, evolucionando, con habilidad de progresar a viral y bacteriana, la que aún persiste bajo el mar (Bahamas), consumiendo abundante carbonato de carbono. Las plantas se originaron hace más de 2 billones de años, formaron los fósiles que ahora consumimos como combustible llamado carbón, y luego en posterior evolución continuada, formaron el petróleo, con fuente animal, constituyendo las pruebas remanentes de nuestro distante pasado. Los seres bípedos pre humanos tienen más de un cuarto de millón de años de haber aparecido, contamos ahora con 40.000 evolucionadas generaciones humanas. La producción agrícola nos permitió aumentar nuestro número, al alimentarnos y domesticar nuestros aliados animales, los perros desde lobos intercambiando beneficios, y diferentes tipos de ganados para al alimentarlos convertirlos en nuestros alimentos. La prevalencia de la presente inteligencia se inició hace más de 80.000 años, ignorando totalmente civilizaciones previas y adivinando remanentes actuales de muchas otras dormidas en la bruma del pasado, o humana mente destruidas como una ofrenda a la violencia que consumió las huellas en los materiales perecederos, como la abundante madera tropical. Alcanzamos un nivel capaz de organizar el comienzo de nuestras presentes civilizaciones hace 10.000 años en conglomerados denominados pueblos. Desconocemos pretéritas posibles civilizaciones en nuestro planeta o fuera de este, al no poder entender múltiples huellas indelebles. La diversidad del universo nos proveerá con maravillosas novedades.

EL MAPA DEL UNIVERSO es similar a los mapas cartográficos terrestres familiares a nosotros, los espaciales están divididos en hemisferios norte y sur, centrados convenientemente en nuestro planeta y nuestro sistema solar, realizados en unidades mensurables de porciones visible de nuestro cielo, durante cada mes del año, y repetidos con periodicidad anual cambiante. Los telescopios extienden nuestros conocimientos iniciales a galaxias y distancias fantásticas. Al conocer la dirección de movimiento de las estrellas y su velocidad, una computadora puede reproducir y representar la sección celestial de cualquier fecha, en cualquier lugar del mundo (la estrella de Belén durante el nacimiento de Jesús). **JOHN FLAMSTEED**: Ingles, introdujo en 1.725 el orden numeral de las estrellas. **CHARLES MESSIER**: francés, inició un catalogó en 1.800, aleccionó y organizó la lista de cuerpos celestes cuando buscaba meteoritos. El mapa espacial frecuentemente incluye todo un hemisferio norte o sur, compuesto por las secciones próximas mencionadas, permitiéndonos aprender a distinguir desde unas pocas constelaciones, hemos empezamos el progresivo estudio del inmenso mapa del universo.

LA VIA LACTEA es nuestra galaxia, con doscientos billones de estrellas y aún más numerosos planetas es una de las mayores en nuestro universo próximo, nacida de la compresión de una enorme y temprana nebulosa por progresiva gravedad alrededor de una masa progresiva de tamaño incomprensible, originó un super grande agujero negro, nacido de la destrucción de una estrella temprana, super gigante, con billones de veces la masa de nuestro sol y su cuásar, sin entenderse si fue primero, la galaxia o el agujero negro, iniciando el otro. La diferente edad de las estrellas explica la evolución de nuestra galaxia. Enormes agujeros negros escupen y absorben luz, energía, en cantidades asombrosa, en forma de tubos energéticos llamados jet, están presentes en galaxias con inesperada juventud, siendo víctimas del canibalismo de sus vecinos, donde el tamaño lo es todo, atropellándose las unas a las otras. El intranquilo centro de nuestra galaxia es controlado por violencia inestimable, evolucionando continuamente. Su tamaño es ahora estable, igualando la destrucción y formación de las estrellas por un eficiente agujero negro y sus cuásares. En el siglo pasado la considerábamos ser todo el universo y en año 1924, Havel nos enseñó su verdadera realidad. En un año entendimos su magnitud, siendo nuestra constelación solo una de las más de 300 billones de galaxias encontradas y sospechadas, estando cada una formada por una mayor porción numérica similar de estrellas, frecuentemente cada una a su vez contiene sistemas planetarios. Todas tienen formas diferentes, parecen orbitar alrededor de sus centros escondidos en nubosidades espaciales, donde las muy diferentes y más abundantes estrellas, orbitan a velocidades asombrosamente rápidas. La estrella en la vía láctea más próxima a nosotros es Alfa Centauri y está a una distancia de 4.37 años luz. La galaxia Andrómeda (araña) es la más cercana a la vía láctea, avanzando directamente en nuestra dirección, alcanzándonos en tiempo medido en muchos miles de años luz, esperando se crucen los planetas de las dos galaxias con mínimo número de impactos debidos a la inmensidad del espacio entre los cuerpos celestes y la organizadora fuerza de gravedad, hasta cuando las confrontaciones de los enormes agujeros negros centrales originen una nueva, enorme súper galaxia, en 5 billones de nuestros años. Nuestra galaxia tiene la forma de un remolino o espiral aplanado, con posibles 2 a 4 brazos o ramas y más de 200.000 billones de estrellas; estamos en el extremo exterior de uno de sus brazos más largos. Con 10 veces menos estrellas que otras galaxias, ese enorme número parece depender del tamaño y proporción de los campos magnéticos. Estamos cerca de la mitad de un brazo, en un borde externo y lejos del centro, en la llamada **NEBULOSA INTERESTELAR LOCAL**; en la porción más conveniente para la existencia de la vida, es una zona tranquila, ligera, con Hidrógeno y helio, donde todo lo antiguo ha sido destruido, ofreciendo prolongada posible permanencia previa, a su cierta reconstrucción. Además, es un área de antiguas supernovas (explosiones de estrellas gigantes rojas) que dejaron los elementos pesados necesarios para originar y mantener la vida. En el centro de nuestra galaxia y posiblemente en cada una de ellas, existe un inmenso agujero negro, el nuestro está en el área llamada SAGUITARIO GIGANTE, con masiva radiación y gravedad atrae todo planeta y estrella dentro de su gran distancia de influencia y luego destruye o construye. Somos solo una de las 300. 000 billones de galaxias que forman el COSMOS o UNIVERSO visible, por ahora conocido, porque partes distantes de su luz inicial no ha tenido tiempo de alcanzarnos. CHOQUE DE GALAXIAS se denomina su enfrentamiento cuando se penetran y cruzan con mínima destrucción hasta cuando se enfrenten los centrales dos agujeros negros. A distancia Andrómeda y La Vía Láctea son dos grupos longitudinales de estrellas que se trasformaran en un grupo similar mayor.

NEBULOSAS son manchas de energías, gases espaciales y partículas subatómicas, con inmensas áreas y mayor densidad que en el resto del espacio, siendo progresivamente aumentada su realidad por la gravedad, hasta producir energía creadora en forma de explosiones enormes de fisión atómica, en la indicada aglomeración; existe la presencia de sombras inducidas por electrones recombinándose con protones para formar átomos primarios de hidrógeno. La NEBULOSA ROSA tiene muchas estrellas rojas gigante que parecen titilar con luz propia e inmensa radiación haciendo imposible la vida como la conocemos. Las nebulosas son el punto de origen o nacimiento de conglomeradas estrellas y temprana formación de las galaxias.

CLUSTER son AGRUPACIONES DE ESTRELLAS, conformando gran densidad dentro de las galaxias.

QUASAR son porciones de galaxias con distante apariencia densa por sus muchas estrellas próximas y su gran luminosidad. Están muy distantes, a billones de años luz, simulan actividad central por sus características y gran velocidad en su densidad de fotones.

CONSTELACIÓN son 88 grupos de ESTRELLAS que históricamente se reconocen por simular formas de objetos, animales o humanas en el cielo estrellado. Por tradición su conjunto es llamado zodiaco, siendo relacionadas con magia, tradiciones, predicciones e ilógicas relaciones.

WORMHOUL o túnel espacial es una idea hipotética, ahora dejando de ser ciencia-ficción, pronosticada por la ley de la relatividad, con base en una fórmula matemática; como un túnel que se colapsa tan rápido que hace imposible viajar en él, con un punto inicial y otro final de dos dimensiones, uniendo lugares tridimensionales. Compacta el tiempo y el espacio siendo un camino espacial entre dos puntos muy distantes, acortando el tiempo de viaje, más rápido que la velocidad de la luz al ser instantáneo, con aceleración y desaceleración en sus extremos, viajando al pasado. Es como una arruga en el espacio uniendo dos puntos distantes, como una carpeta que, previamente extendida, al ser arrugada en frente de nosotros, con solo pocos pasos podemos llegar al punto final sin recorrer toda su trayectoria, a tiempo presente un atajo no entendido en los caminos espaciales con posibles comienzos en los no entendidos agujeros negros.

El conocimiento presente es la sapiencia sobre un universo maravilloso, empezando a ser desenmascarado por la ciencia que en su infancia presente intenta explicarnos la infinidad de un Creador.

F I N

Alfredo Suárez Guerrero M.D.
Inmigrante desde Colombia
Macon, GA, USA.

INDICE

Introducción 2
Teoría del BIG BANG 3
La edad del universo ....
Inflexión del universo 6
El espacio ....

Los observatorios astronómicos 7
Los tiempos modernos introdujeron individualidades 8
Nicolás Copérnico ....
Teodoro Bruno ....
Galileo Galilea ....

Kepler
Jules Verne ....
Newton...
Einstein 9
Carl Sagan..

William Herschel ....
La luz más Antigua ....
La materia ....
El tiempo ....
La gravedad 10

La antimateria 11
La energía oscura 12
Los planetas... 14
Los exoplanetas...15
El sol y los fotones...

Los volcanes 17
El magnetismo..18
Los rayos cósmicos ....
Las líneas y campos magnéticos...19
Electromagnetismo ....

Los campos magnéticos planetarios 20
Nuestro sistema solar ....
El cinturón Capar..
Plutinos ....

La pausa de hielo..
La cinta solar ....
La esfera de hielo ....
Los planetas de nuestro sistema solar 22

Mercurio ....
Venus 23
La tierra 24
La luna del planeta tierra 27
Cassini 29

Marte 30
El cinturón de asteroides 32
Júpiter ....
Saturno 35
Helión III 37

Urano ....
Neptuno ....
Plutón 38
Sura 39
Planeta 9 ....

Orbitas de los cometas..40
Las estrellas..42
Las supernovas 44
Némesis...
Los pulsares..

Los guisares..45
Los viajes interplanetarios ....
Los agujeros negros..46
Los neutrinos..49
Los rayos gama...

La energía ultravioleta ....
Las estrellas binarias ....
Las estrellas dobles ....
Saturno V..
Apolo 12 ....
Los observatorios astronómicos ....
El telescopio Hubble...50

Kepler ....
Tipos de energía ....
Robots exploradores espaciales ....

La perrita Laica y el astronauta Gagarin ....
El transbordador espacial Colombia ....
Los exploradores Voyager I y II ....
El telescopio Cooper 51
Telescopio VLT ....

Las órbitas 52
El radio espacial 53
Las galaxias ....
Las olas de choque espaciales 54
La vida ....

El mapa del universo 55
La vía láctea 56
Las nebulosas 57
Clúster 58
Cuásar 59

Las constelaciones 60
Wormhole ....

Bibliografía

The Universe 365 Days by Robert F. Nemirof \ Jerry T. Bonnell
Astronomy a visual guide by Mark A. Garlick
Wikipedia
How the universe work. Serie de televisión.
Space's Depest Secretes. Serie de Televisión.
El Universo de Morgan Freeman. Serie de televisión.
Múltiples informaciones de LA NASA, sistema científico oficial del gobierno de los Estados Unidos.

OTROS LIBROS DEL MISMO AUTOR:
Innerself (inglés y español).
Inquisición in Georgia (americana, historia de racismo contemporáneo. (español e inglés).
La pescadora de perlas (novela romántica, volumen 1 (español e inglés).
Tanané, la violenta (novela romántica, volumen2, en español e inglés).
Simposio médico sobre La LEPRA. (español e inglés, simultáneos en la misma página).
El inmigrante latino pobre (inglés y español).
La biografía del demonio (inglés y español).
GED Historia de los Estados Unidos (español).
GED Cívica de los Estados Unidos (español).
GED Ciencias (español).
Astronomía para GED (español).
Lepra Simposio Español & English together (Spring 2018)

www.ingramcontent.com/pod-product-compliance
Lightning Source LLC
Chambersburg PA
CBHW050018230526
45470CB00003B/1025